即时记忆

快速记忆训练法

（英）迈克尔·蒂珀（Michael Tipper）◎著
高宇　徐彬◎译

Instant Recall
Tips and Techniques to Master Your Memory

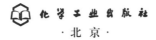

·北京·

Instant Recall
All Rights Reserved
Copyright © Watkins Media Limited 2007, 20018
Foreword copyright © Dominic O'Brien 2007, 2018
Text copyright © Michael Tipper 2007, 20018
Artwork Copyright © Watkins Media Limited 2007, 2018
First published in 2007 under the title Memory Power-Up
www.watkinspublishing.com
The simplified Chinese translation rights arranged through Rightol Media（本书中简体版权经由锐拓传媒取得 E-mail：copyright@rightol.com）

本书中文简体字版由 Watkins Media Limited 经锐拓传媒授权化学工业出版社有限公司独家出版发行。

本书仅限在中国内地（大陆）销售，不得销往中国香港、澳门和台湾地区。未经许可，不得以任何方式复制或抄袭本书的任何部分，违者必究。

北京市版权局著作权合同登记号：01-2021-3541

图书在版编目（CIP）数据

即时记忆：快速记忆训练法 /（英）迈克尔·蒂珀（Michael Tipper）著；高宇，徐彬译. —北京：化学工业出版社，2021.10（2022.11重印）
书名原文：Instant Recall
ISBN 978-7-122-39549-8

Ⅰ.①即… Ⅱ.①迈… ②高… ③徐… Ⅲ.①记忆术 Ⅳ.①B842.3

中国版本图书馆 CIP 数据核字（2021）第 143768 号

出 品 人：李岩松　　　　　　　　责任编辑：郑叶琳　张焕强
装帧设计：韩　飞　　　　　　　　责任校对：宋　玮

出版发行：化学工业出版社（北京市东城区青年湖南街13号　邮政编码100011）
印　　装：三河市双峰印刷装订有限公司
880mm×1230mm　1/32　印张5　字数96千字　2022年11月北京第1版第2次印刷

购书咨询：010-64518888　　　　　　售后服务：010-64518899
网　　址：http://www.cip.com.cn
凡购买本书，如有缺损质量问题，本社销售中心负责调换。

定　价：45.00元　　　　　　　　　　　　　　　版权所有　违者必究

> 许多人抱怨他们的记忆力,几乎无人抱怨他们的判断力。
>
> ——本杰明·富兰克林(Benjamin Franklin,1706—1790)

序

俗话说,"能做者行动,不能做者就教别人行动"。但这话显然不适合迈克尔·蒂珀。他不仅在世界记忆锦标赛上证明了他是我的劲敌,还是速成学习原则方面的专业教练。

在这本颇具启发性的书中,这位记忆大师全面地解释了一些记忆技巧。这些技巧非常棒,经过了实践的验证。事实上,迈克尔不仅仅是一位大师,他还在世界记忆锦标赛上获得了令人艳羡的记忆大师头衔以及银牌。

迈克尔把自己的记忆力训练到世界级的竞技水平,是出于一个很好的理由——证明任何人都可以利用简单的理念来显著改善自己的大脑功能,并在自己的领域取得成功。我和他有同感。迈克尔不仅以令人信服的方式做到了这一点,而且他真正的才能在于解释了运用脑力技巧获得实际效益的最有效的方式。超过 6.5 万人聆听了他生动的演讲，50 多万儿童受益于他的教育项目。因此，我很高兴向任何想要提高记忆力的人推荐这本书——无论你是在家里、在工作场所，还是在学校。

多米尼克·奥布莱恩（Dominic O'Brien）
8 次世界记忆锦标赛冠军得主

引言

很多人认为他们的记性很差。如果你选择这本书，我猜你也是这样想的。我完全了解你的感受，因为几年前我也有同样的想法，就像你现在一样，于是我开始寻找办法来解决我的"问题"。

当时，我只有16岁，以海军学员的身份加入了英国皇家海军，渴望在我的新行业里学习。虽然我在学校表现得还算不错，但不久之后我发现，海军的学习环境与课堂截然不同，我开始感到吃力，尤其是要快速地记住那么多新信息。我自然而然地认为是我的记忆力出毛病了，并寻找改善它的方法。但我很快发现，我的记忆力并没有问题，只是我不知道如何使用它。

我在报纸的宣传广告中找到了一门记忆课程，很快就掌握了一些简单的技巧，并开始轻松地通过考试。凭借我的新技能，我很快就给上司留下了深刻印象，并入选军官培训项目。然后我继续攻读工程学学位，随后加入了皇家海军的精英潜艇部队。

接下来的海军训练进一步考验了我的记忆力和学习技能。我经常在大多数课程中名列前茅，尽管我的同学比我更有才华和能力。我们之间唯一的区别是我有更好的学习策略。

最终，我发现自己告诉了越来越多的同事和朋友如何提高他们的记忆力和学习技能，并发现了我有分享这些想法和帮助人们发展的激情和天赋。大约在同一时间，我参加了世界记忆锦标赛；第二次尝试时，我获得了银牌，并荣获"世界记忆大师"称号。

我的成功引导我走向专业的演讲生涯。在过去的几年里，我和全世界超过 6.5 万人一起工作，并且开发了一些课程，已有超过 50 万人参加了这些课程。

通过我自己的经验以及多年来我和无数人一起做的工作，我得出结论：你可以通过理解记忆的工作原理和发现一些任何人都可以应用的基本思路来提高记忆力。这本书囊括了我曾经使用过的所有最有效的策略，并帮助使用这些策略的人取得了很好的效果，他们从记忆中获取到了更多信息，也提高了记忆力。

请阅读下页列出的问题，来决定你是否需要这本书。

简单地回答"是"、"不是"或"有时"。如果你对五个或五个以上的问题的回答是"是"或"有时",那么本书一定会对你有所帮助。即使你可能认为你的记忆力有问题,我也很高兴地告诉你,你的记忆力可能没什么问题。唯一的问题是你不知道如何使用它,因为我不确定是否有人教过你。

这本书将一步一步教你一些简单的技巧和策略(即上述的"如何使用"),它们不仅能提高你的记忆力,还能提高你的专注力和思维敏捷度。

你有下面这些情况吗?

- 我很难记住刚认识的人的名字。
- 我很难记住几个星期前认识的人的名字。
- 我经常走进房间去拿东西,却不记得我要拿什么。
- 我经常忘记把钥匙/钱包/眼镜放在哪里了。
- 我有时停好车后,却找不到停哪儿了。
- 我经常错过重要的约会,因为我已经忘记了。
- 我错过亲朋好友的生日和纪念日是"出了名的"。
- 我需要把银行卡密码记在纸上。
- 如果我丢了手机,不得不致电服务提供商,我不知道该拨打哪个号码。
- 我总是避免站起来和一群人聊天,因为我知道我会忘记要说的话。

- 我花了好几个小时阅读各种材料,却几乎不记得我读过的东西。
- 我认为,随着我年龄的增长,我的记忆力越来越差。
- 我发现自己会说"我的记忆力真差"或"我总是忘记"之类的话。
- 我几乎希望忘记一些我本来应该记住的事情❶。
- 我想学点新东西,但我觉得我的记忆力不够。

---

❶ 此处指有些事应该记住却记得不全、记忆模糊,想用之时却想不出来的情况。——编者注

父亲，我把这本书献给您。

目录

第一章　热身　　　　　　　　　　001

我们为什么会遗忘　　　　　　　　003
是因为我的年龄吗　　　　　　　　005
你的大脑存档系统　　　　　　　　006
你的大脑和记忆　　　　　　　　　009
想象、联想和记忆　　　　　　　　013
坚信会成功：成功"五步法"　　　 020

第二章　柔和延伸　　　　　　　　025

管理压力，提高记忆力　　　　　　027
通过锻炼来提高记忆力　　　　　　029
更好的饮食，更棒的记忆　　　　　031
记忆助推杆　　　　　　　　　　　033

| 我把……放哪儿了？ | 035 |
| 那倒提醒了我…… | 038 |

第三章　厉害的技巧　　　　　　　043

记住名字——社交方法	045
记忆事实——助记符的魔力	049
记住拼写	058
请务必记住你的密码	060
记住方向	062
记住任务和简单的清单	066
我一定要记住去……	070
利用字母表购物	074
记住你所听到的	078
回忆过去	080

第四章　决胜练习　　　　　　　087

记住名字和面孔——助记符法	089
记住较长的数字	093
旅行技巧	099
记住日期和约会	103
学习一种新技能	107

学习外语词汇	112
记忆演讲和笑话	114
思维导图	118
记住你读过的内容	122

第五章　你也能做到　　127

基本记忆法	129
向记忆冠军学习	132
记住一副牌	135
特殊项目的长串清单	137

延伸阅读　　140

联系作者　　141

致谢　　142

第一章

热　身

WARM-UPS

　　当你按照这本书中的简单技巧去做时，你将练就非常强大的记忆力。不过，在开始学习这些技巧之前，可以先了解以下两个方面的内容，这将会对你有所帮助。一是了解一些我们的记忆似乎无法令我们满意的原因；二是了解一些基本知识，这些知识会成为我们提高记忆技巧的基础。

　　这一章将探讨为什么人们会遗忘，而这并不一定是因为人们正在变老。我将告诉大家一些关于大脑的知识，还有我们是如何整理和回忆我们的记忆的，以及练就强大记忆力的关键原则。同时，我还为大家准备了一项五步计划。如果你按照这个计划去做，就能保证你成功地提高记忆力。

即时记忆

快速记忆训练法

Instant
Recall

Tips and Techniques
to Master Your Memory

我们为什么会遗忘

在我们探索如何提高记忆力之前,有必要了解一下我们为什么会遗忘。影响我们记忆力的因素与我们正在接收的信息、我们当时和之后的精神和身体状态,以及大脑中自然发生的一些过程有关。

常见的遗忘的原因

遗忘的原因多种多样,它们可能会在不同时间影响我们所有人:

- 不感兴趣——如果你对某事不感兴趣,则不太可能会关注这件事。因此,你也将无法理解、了解或记住它。

- 注意力不集中——这与不感兴趣有关。如果某件事未能引起你的注意,你将不会专注于这件事。如果你不专心并且正在考虑其他事情,则不会吸收新信息,无论记住它有多么重要。

- 压力过大——当你承受压力时,你可能处于最糟糕的状态,无法有效使用你的记忆功能。此时的你,要么很难学习新东西,要么很难回忆起往事。

- 信息量太大——如果你面对着大量的信息,就很容易不知所措(因此感到很大的压力),这会使学习和记忆变得困难。

- 信息杂乱无章——记住随机数据要比记起有条理、有逻辑的信息难得多。
- 事件之间的联系微弱——我们稍后会看到,大脑通过联想记忆事物。如果相关信息之间的联系很弱(比如,名字和脸之间),回忆起来就会很困难。如果你不使用所学的信息,它就不会与你已有的知识相结合,这也会导致较差的记忆效果。
- 时间太久——如果在遇到某件事和不得不回忆这件事之间隔了很长一段时间,那么对这件事的记忆就会弱得多。
- 干扰——有太多信息进入你的大脑,新数据很有可能会干扰你现有的知识,而新信息又会受到接下来更新的数据的干扰,这会对你的回忆产生不利影响。

幸运的是,通过简单地改变我们的思维方式,我们可以克服常见的遗忘因素,并极大地提高我们的记忆能力。

快乐是昙花一现;回忆,是持久芳香。

——让·德·布弗里斯
(Jean de Boufflers,1738—1815)

是因为我的年龄吗

随着年龄的增长，许多人开始经历记忆方面的挑战，并自然而然地认为他们的脑功能水平下降是由于年龄的增长。然而，除非你身患疾病，否则你的记忆力不一定会随着时间而退化。

你的记忆力并未衰退

对60岁以上的人进行的研究显示，他们的记忆力几乎没有退化，只是反应稍微慢了一点。许多人预期会出现的记忆力明显下降通常是由以下因素共同造成的：

老年人不像年轻时那样使用他们的记忆力了。

- 老年人可能因为锻炼得少，他们的大脑得到的氧气不如年轻时多。
- 他们产生了一种信念，由于忘记了一两件事，就认为自己的记忆力在衰退。通过告诉自己和别人他们的记忆力很差，他们又加强了这种信念。
- 由于他们很少立足当下，经常会错过一些事情，然后责怪自己的记忆力，认为他们记不住。而事实上，他们的注意力不集中才是问题所在。

所有这些因素都可以通过改变生活方式和适应思维方式来逆转。这样，无论你年龄多大，都有可能保持良好的记忆力。

你的大脑存档系统

如果你的记忆力没有你想要的那么好，可能是因为你组织信息的方式无法让你轻松地回忆。解决这个问题只需要调整你的记忆检索系统，它本身已经很强大了。

你思考时就像一个虚拟的文件柜

让我们把记忆想象成一个巨大的虚拟文件柜。例如，在商务会议上，你被介绍给一个叫大卫·琼斯的人。你把他的脸和名字储存在大脑文档中，并做上"**在商务会议上见过大卫·琼斯**"这一标记。

将来，当你看到一张你认识的脸时，你就会进入你的大脑存档系统，找到储存这张脸的文件。

这个文件会告诉你这张脸属于一个叫大卫·琼斯的人。

看到脸→大脑存档→检索姓名

或者你可能听到大卫·琼斯的名字，然后，在你的大脑存档系统里，有这个名字的文档会显示出他的照片。

听到名字→大脑存档→检索脸

希拉里·克林顿

实验一

看到上面这个人名时,准确记下你在想什么,以及整理你的想法需要多长时间。

大多数做这个练习的人都会在脑海中立刻看到希拉里·克林顿的形象,可能是她在电视上的形象,也可能是你在网上看到的她在演讲视频中的形象。或者你可能会想起一张她和她丈夫在时装杂志封面上的照片。

首先映入脑海的确切形象取决于你个人对希拉里·克林顿的联想。这与你看到哪张图片无关,因为,无论你最熟悉哪一张,这一实验都证明了你的大脑检索系统是多么强大。在一瞬间,你就可以直接从记忆中检索出希拉里·克林顿的照片。你立即就从储存在你大脑中的成千上万的独特图像中找到了它。这是你的大脑令人难以置信的"壮举",你应该为此感到自豪。

实验二

现在在这一实验里尝试一个变化:听收音机里的新闻,

注意新闻播音员谈论的人物、话题或地点的画面，看看它们能多快地进入你的脑海。

你会再一次发现你能快速唤起生动、恰当的画面，这会让你确信你的记忆力已经很强了。

实验三

和一位朋友再做一次实验一。将你们想到的图像做比较，你会注意你的图像和联想是多么独特。

联想的力量

你想象出希拉里·克林顿的图像，以及新闻中的其他人物和话题的过程，被称为联想（association）。正是这个过程让你能够"走进"你的大脑文件柜，迅速地找到并检索大卫·琼斯的名字或面孔，或者任何你认识的人。

大脑组织联想的方式有两种。第一种，大脑将联想作为一个链条组织起来，这样一件事会让我们想起另一件事，而另一件事又会促使我们想起其他事，这反过来又触发了更深的记忆，周而复始，循环往复。第二种，大脑将联想分组为一系列挂钩——一个概念将会有一系列的联想，这些联想都与最初的想法直接相关。

明白了这一点，你就能更有效地驾驭你的大脑，创造强大的联想，帮助你记住和回忆更多的东西。你会发现你立即唤起联想的能力是惊人的。

> 每个人都有如照片般生动的记忆力，可惜有些人胶卷不够。
>
> ——佚名

你的大脑和记忆

你的大脑是你身体的控制中心。每一秒钟，在你两耳之间的灰质中都有成千上万次的化学和电反应发生。更好地了解你的大脑是如何运作的，你就能更有效地利用它来提高你的记忆力。

大脑的基础结构

大脑是由数十亿个细胞组成的，这些细胞被称为神经元（neurons），每一个神经元都可以连接成千上万的其他神经元。这些连接的复杂性和规模赋予了大脑近乎无限的潜力。你想到的每一个想法、你体验到的每一种感觉、你回忆过的每一段记忆,都是两个或更多的神经元之间的连接。

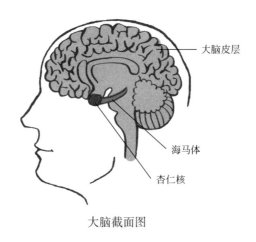

大脑截面图

大脑中较大的组成部分

要用几句话解释像大脑这样复杂而又相互关联的机制的功能,是不可能的。然而,当你思考有关记忆力的问题时,需要知道大脑中的几个"较大的部分"。

杏仁核用情感价值来标记传入的信息。一种经历情感越丰富,就越有可能被记住。

海马体负责将短期记忆转化为长期记忆。当我们想到我们熟知的某件事或某个地方时,海马体就会"活跃起来"(我们后面将利用这一点)。

大脑皮层有时被认为是大脑思考的部分,因为它是有意识的思考过程发生的地方。它由两部分组成，50多年前的一项研究确定了这两个部分的不同功能。这两部分负责的主要任务有以下区别：

左侧	右侧
列表、线条、逻辑、单词、数字、顺序	节奏、色彩、空间意识、图片、白日梦、想象

现在我们知道，大脑两个半球之间的关系非常复杂。目前的理论是，左脑以一种更连续的方式运作，而右脑则以一种更平行的方式运作。或者，换句话说，研究已经证明左脑关注细节，而右脑关注大局。

传统的学习和记忆方式侧重于与左脑功能相关的活动。现在可以肯定的是，你使用左右两侧脑的次数越多，你的思维就会越高效，记忆力也会越强大。

不同的频率

从清醒状态到深度睡眠，在不同的意识水平上，大脑呈现出不同频率的电活动。

在我们清醒的时候，β频率最高，占主导地位。在我们处于放松但又灵敏的状态下，α频率更为普遍。我们在睡眠前的深度冥想状态时，大脑会发出更多的θ波，最后，一旦我们进入深度睡眠，δ频率就会取而代之。

在 α 频率的状态下，我们平静放松，此时学习效率是最高的。幸运的是，我们可以通过冥想和放松的技巧来达到这种状态，以此来增强记忆力。

影响你大脑的东西也会影响你的记忆力

作为一种经过"精确调音的乐器"，你的大脑将受到你所能控制的各种因素的影响。过量的咖啡因、尼古丁和酒精会破坏大脑内部微妙的化学平衡，这无疑会损害大脑的功能。你吃的东西也有影响，健康均衡的饮食将有助于改善你的脑力。

吃一些提高记忆力的食物也很有益，尤其是那些富含抗氧化剂的食物，比如柑橘类、浆果类水果和绿叶蔬菜（见第 033 页的表格）。

记忆……是我们随身携带的日记。

——奥斯卡·王尔德（Oscar Wilde, 1854—1900）

氧气和大脑

没有足够的氧气，你的大脑（然后是你）将会死亡。

大脑可能只占身体重量的 2%，但它却消耗了超过 25% 的氧气摄入量。基于此，氧气的重要性就显而易见了。你的呼吸越有效，进入你大脑的氧气就越多，这也是锻炼如此重要的原因之一，我们稍后还会讲到。

睡眠的重要性

睡眠不仅对大脑的健康运行至关重要，而且对学习和记忆也举足轻重。大量研究表明，晚上学习后睡个好觉，记忆效果会更好。人们认为，在睡眠期间，大脑会重温最近的经历，加强对它们的印象，并将它们铭刻在记忆中。与人们普遍认为的相反，我们在睡觉时并不会产生新的学习，只是对已经学习到的信息进行整合。

想象、联想和记忆

你的大脑就像一台神奇的电脑，只可惜它没有"说明书"。你不断摸索着来学习如何使用它，慢慢地练成了你现在拥有的思维技能。这里有一些方法，你可以在这些方法的基础上利用你的大脑来提高你的记忆能力。

事半功倍！

一种普遍的误解是，你学习东西越努力、时间越长，就越有可能记住它。幸运的是，这并不是真的，因为我们的大脑在自然状态下并非如此工作。当你投入一项学习任务时，你更有可能记住开头和结束时的信息，而对中间话题的相关记忆较少。

这被称为首因效应和近因效应。你工作的时间越长，你的记忆力下降越多，记住的东西也越少。而记忆的秘诀就是多休息，这样你就有更多的记忆首因和近因的"高潮"。每工作20～50分钟，休息5～10分钟，是比较好的做法。这样你不仅能记住更多的东西，还能更长时间保持头脑清醒。

拥有强大记忆力的秘诀

想要充分发挥你的记忆力，需要经过三个简单的阶段。下面是能记住任何你想记住的东西的秘诀。

运用你的想象力

想想上次你走在满是人的街道上的情景。有谁特别显眼吗？你可能从上百人身边走过，却一个也不记得。然而，如果一个七英尺高的女人，穿着亮黄色的外套，戴着饰有亮蓝色羽毛的红色帽子，穿着黑色的皮靴，骑着一头粉红色的大象，唱着国歌从你身边经过，你觉得你会记住她吗？你当然会，因为她的形象会从你看到的所有其他人中脱颖而出。

当然，并不是我们生活中的每件事都是独一无二、显著突出的。但只要运用一些简单的原则，再加上我们的想象力，就可以随心所欲地让任何事情都变得难忘。

下面是一些添加"记忆香料"的方法：

- 即使是枯燥乏味的主题，也要想象一些图片和符号来思考。
- 使用大量的充满活力和引人注目的颜色。
- "夸大其词"。
- "化大为小"。
- 创造动感十足的图片。
- 使用和调动你所有的感官。
- 尽可能让你的图片"简单粗暴"、令人震惊、"令人发指"。
- 使用奇怪和不寻常的联想。
- 让事情尽可能有趣——一点点的幽默可以让它们特别令人难忘。

用简单的一句话来描述这个过程，就是让你像动画片里的"猫和老鼠"一样思考！别担心，你不必成为一个崭露头角的动画师——只要让你的想象力自由发挥就可以了。你可能会对你想出的东西感到惊讶。

> **想象力比知识更强大。**
>
> ——阿尔伯特·爱因斯坦
> （Albert Einstein，1879—1955）

联想——高效记忆的关键

我们之前说到，大脑是一个联想机制，通过联想来组织记忆，主要有两种方法。第一种方法是使用联想序列或联想链——一件事将触发另一件事，然后再触发第三件事，以此类推。

例如：

树→公园→散步→鞋子→带子

第二种方法是通过联想"挂钩"的集合。一个想法或概念会有一系列相关的词与之关联，如下面的"海滩"一例所示。

第一章 热身

通过在你想要记住的东西之间建立牢固的"链条",并使用多个"挂钩",尤其是用你的想象力来加强这些联系,就像我上面描述的那样,你将能够更有效地记住事情。

组织你的联想

只有当你能够随时有意识地组织你的联想时,拥有一系列强大的联想材料才会对你大有帮助。你现在需要组织你强大的记忆文档系统,使它很容易找到任何文件。方法是给每个文件一个标签。我会给你们展示各种基于视觉技术的做标签的方法。

正如我们在前面做过的关于希拉里·克林顿的实验,我们倾向于用图片来思考,而不是用文字或数字。(尽管在两千多年的时间里,我们已经习惯于用文字来思考,但早在使用书面语言之前,我们的自然倾向就是用图片、感受或感觉来思考。)

长久记忆

许多人抱怨他们不能回忆起最近发生的事情,并认为这是由记忆力差造成的。

他们不知道的是,这种情况很正常。对于在一到两天内遇到的新信息,你可能只会记住其中的20%。导致这种情况的原因是相似或相关信息的叠加,使得区分记忆变得更加困难,进而降低了记忆能力。

这就是所谓的混淆因素。记不住新信息不是因为记忆力差,而是因为没有一个恰当且有效的过程来控制记忆中的信息,使你总是能够重新获得它们。

不断练习记忆

如果你真的想记住一件重要的事情,你需要在十分钟、一天、一周、一个月、三个月、六个月后练习记住这件事。在那之后,这件事就会成为你的长期记忆,而且你总是能够回忆起它,因为你已经对它形成了条件反射。

把事情分成记忆小块

想想孩子们的笑话,"你怎么吃掉一头大象?"答案是:"一次咬一口呀。"同样的原则也适用于你需要记住的事情。把事情分解成更小、更容易处理的小块,可以让你更容易地记住它们。

指导原则

以下是一些你应遵循的基本原则,这些原则适用于你在本书其余部分所学到的有关提高记忆力的所有内容。

每工作 20 ~ 50 分钟,休息 5 ~ 10 分钟。

用你的想象力去创造具有冲击力的、令人难忘的形象,这些形象会在你的脑海中脱颖而出。

使用"挂钩"和"链条"创造丰富的联想。

在本书中你将学到许多大脑归档法,运用其中的一种来组织你的联想。

定期练习回忆你所学到的东西,以确保长期记忆。

把事情分成更小、更容易控制的记忆小块。

在这本书中，我将给你一些具体而有效的方法，运用想象力、联想和回忆来组织你的大脑"文件夹"。这样你就可以很容易地从中获取信息并想起你已经记住的东西。

> 我有很强的记忆力，专门对付遗忘。
>
> ——罗伯特·路易斯·史蒂文森
> （Robert Louis Stevenson，1850—1894）

坚信会成功：成功"五步法"

如果你看看那些在生活的各个方面都取得了显著成就的人，你会发现他们会做一些共同的事情来确保成功。无论你是想攀登最高的山峰，找到一份新工作，还是提高你的记忆力，如果你有一个成功人士的心态，你便更有可能实现你的目标。

第一步——设定目标

这是最重要的一步，因为如果你没有一个明确的目标，你永远不知道你是否成功了。你的目标要容易理解、可衡量、有期限并且要写下来。把它写下来很重要，因为这是把你的目标从脑海中转瞬即逝的想法变成现实的第一步。这里有两个写下来的关于目标的例子。

- 我想提高我的记忆力。
- 我希望能记住在未来一个月出席商务或社交聚会的15个新朋友中第一位和最后一位的名字，然后将来再次见到他们时，还能记起他们的名字。

第一个例子中，目标是模糊的，它没有明确的成功的定义，或何时可以实现。第二个例子要好得多，因为目标界定得非常清楚，并且有明确的时间期限。

第二步——制订计划

设定了目标之后，你现在需要制订计划来实现它。

最简单的方法是，先列出实现目标所需要做的所有事情，然后将其组织成有编号的阶段。

如果我们以第一步的目标为例，想要马上记住别人的名字，你的计划可能是这样开始的：

- 阅读本书关于记住名字的部分。
- 自己练习。
- 把这种记忆方法教给我的家人，这样我就能知道我理解了这种方法。

- 在我的朋友身上练习。
- 在下次的会议上，和一个新人尝试一下这个办法。

第三步——相信你能成功

不相信自己能做好某件事，会严重影响你的能力。但幸运的是，有两种简单的方法可以向你的大脑证明你能做好某件事。

第一种是运用自我对话法（这也被称为肯定法），简单地对自己和自己的能力做出积极的陈述。对大多数人来说，说自己不好是很常见的，比如：

"我的记忆力很差。"

或：

"我记不住它。"

或：

"这太难学了。"

这类负面陈述会强化你认为自己记忆力差的信念。所以，为了帮助你提高记忆力，你需要这样说：

"我有惊人的记忆力。"

还有：

"我总是记得我遇到的每个人的名字。"

还有：

"学习和记忆新信息对我来说既简单又有趣。"

你越重复这些话，你就越相信自己的记忆力。

帮助你提高信心水平的第二种有效方法是，运用你的想象力在你的脑海中创造一个小电影，想象当你成功地运用你强大的记忆力时会是什么样子。看、听、感受"完美的记忆情境"的细节，想象自己真正拥有渴望中的记忆能力。世界顶级运动员在比赛前就是用这种方法集中注意力，这种想象成功结果的过程被称为"心理演练"。

第四步——采取行动

现在使用第二步中描述的步骤按照计划付诸行动。坚持下去，直到你的清单上的所有事情都完成了，你就实现了目标。当你执行你的计划时，确保你的行动能让你更接近目标。如果没有接近，你也可以改进和重写计划，这样你就能更快地获得你想要的结果。第四步的关键是要持续采取行动，直到实现目标。

第五步——保持阳光心态

在我们朝着目标前进的过程中，生活总是会给我们一些阻碍。但我们足够幸运，能够选择如何应对。当事情不按我们的意愿发展时，如果让消极情绪任意发展，就会给我们带来压力，这会对我们的感觉产生负面影响。在培养良好的记忆力方面，负面情绪是一个需要克服的主要障碍。

保持积极的人生观，以积极的方式应对事件和情况，虽然不会让问题消失，但它们会让你以更机智、灵活的心态来处理这些问题（这也会更有趣！）。

为了让你开始运用这五个简单的步骤，这里有一些练习。

- 想想你关于记忆力的所有目标，并把它们写下来，这样你就能确切地知道你想从每个目标中收获什么，以及你想什么时候实现它。
- 选择最重要的目标，并为实现它制订计划。
- 在一张卡片上写下关于实现这个目标的五句积极的陈述，并抓住每个机会对自己重复它们。
- 想象你实现了你的目标，运用你的想象力和所有的感官去想象——把它看成是已经发生了的事情。
- 从你清单上要做的第一件事开始，朝着你的目标努力。

第二章

柔和延伸

GENTLE STRETCHES

在开始学习提高记忆力的技巧之前,你可以在日常生活中做一些简单的事情,这些事情将极大地影响你的记忆能力。

这一章将着眼于生活方式给正常记忆带来的最大挑战——压力因素——并说明你能做些什么来战胜它。这一章还将探讨通过锻炼和简单的日常饮食改变来提高你的记忆力,并给出提高记忆力的饮食指南。此外,我将向你展示一些可以立即采取的实际步骤,以帮助你记住一些需要做的事情。

即时记忆

快速记忆训练法

Instant Recall

Tips and Techniques
to Master Your Memory

管理压力,提高记忆力

压力会影响我们的思维方式,尤其是记忆能力。通过最大限度地减少压力的影响,你可以为你的记忆力创造一个更好的生理和心理环境,使其得到最佳的发挥。

压力如何影响记忆

随着人类的进化,我们的身体创造了一种有效的保护和生存机制,这种机制被称为"战斗或逃跑机制",可以在受到威胁时保护我们的生命。

当面对潜在危险时,我们要么对付它(战斗),要么逃离它(逃跑)。无论我们做出什么选择,我们都需要呼吸得更快,产生更多的肾上腺素,让肌肉紧张,并关闭不必要的身体系统。

今天,我们很幸运,因为我们很少需要战斗或逃跑。然而,在我们的个人生活和职业生涯中,我们仍然被许多可视为威胁的东西"轰炸",我们的身体仍然以同样的方式做出回应。这就给我们造成了压力。

压力从两个方面影响记忆。第一,它关闭了大脑中负责长期记忆的功能,这就是为什么我们在压力状态下很难回忆起信息的原因。第二,如果大脑中产生的关于压力的化学物质停留的时间过长,它们就会形成一个有毒的"浴缸",破坏脑细胞,尤其是那些与记忆有关的细胞。

学会放松

为了控制压力，提高记忆力，你需要学会放松。试试这些练习，看看哪种最适合你。注意，要在安静、不被打扰的地方做这些练习。

紧绷身体，然后有意识地从头部开始，一直到脚趾，依次放松每一块肌肉。

运用你的想象力，想象自己在一个宁静的地方，比如荒凉的热带海滩或僻静的草地上，然后想象压力和紧张从你的身体中消失。

放慢呼吸，数一数一分钟内呼吸的次数；在接下来的一分钟内，努力将呼吸次数减少一半。

重复这个动作，直到你的呼吸变得缓而深。

练习呼吸冥想，首先放松身体的每一块肌肉，然后专注于数你的呼吸次数，将其他一切抛到脑后。

> 不欲以静，天下将自正。
>
> ——老子（公元前 6 世纪）

通过锻炼来提高记忆力

健康的体魄有助于创造健康的头脑。有效的锻炼过程不仅会使你的头脑清醒，也会使你感觉更好。锻炼也有助于提高记忆力。锻炼应该是你提高记忆力计划的重要组成部分。

锻炼有助于抗压

有规律的锻炼可以从两个主要方面克服压力带来的影响。首先，它为大脑中积聚的有害的"战斗或逃跑"化学物质提供了一个出口，这些化学物质会导致压力。第二，它使身体和大脑都不容易疲劳，从而使它们能够更有效地应对压力。

用正确的方式锻炼

对抗压力和提高记忆力的正确运动方式是做有氧运

动——心率在最大心率的 70%～85%（你的医生会告诉你你的最大心率是多少）。以这个强度运动 30 分钟，再加上 10 分钟的热身和放松，每周至少三次，最好五次，以达到最佳的效果。

> **真的有效果！**
>
> 最近有关运动对衰老的影响的研究表明，运动总体上能提高智力，尤其是提高记忆力。另外一项关于运动对学习成绩的影响的研究表明，成绩优异的学生中有超过 80% 的学生每周至少锻炼三次，身体健康的学生的不及格率是身体不健康的学生的一半。

快走是一种很好的有氧运动——试着在任何有机会的时候这样做，比如在你上班时的午休时间快走 30 分钟。其他理想的有氧运动有慢跑、游泳、骑自行车和跳舞。

为什么有氧运动能提高记忆力

有氧运动对心脏、血管和肺都有好处，还能帮助提高记忆力。它增加了身体对氧气的需求——这样心脏和肺不得不比正常情况下更努力地工作。

有氧运动中较重的呼吸会吸入更多的氧气，导致心率加快。这种更快的心率将富含氧气的血液泵入循环系统。

其中 20%～40% 的血液流向大脑，由于大脑活跃的基础在于氧气，因此它会因为氧气流量的增加而表现得更好。

慢慢开始

在开始一项运动计划前，请向医生咨询最适合你身体状况且完全健康的运动形式。慢慢开始，不要急于求成。逐渐增加到每周锻炼三次，每次 30 分钟。

试着做不同形式的运动，找到你最喜欢的一种或几种——做你喜欢的才更有可能坚持下去。找一个运动伙伴陪伴，也是很有帮助的，更重要的是，这让你充满动力。

更好的饮食，更棒的记忆

智力，尤其是记忆力，会受到我们所吃的食物的影响。因此，你如果选择了正确的食物，就可以提高记忆力。

良好的食物基础

提高记忆力的饮食计划的基础是平衡和健康的饮食——低脂肪、低盐、低糖、高纤维。每天还应至少吃五份新鲜水果和蔬菜。一个有用的规则是看看你的食物外观有多

"鲜艳"。

保持身体水分也很重要。这是因为大脑中有 80% 是水，如果由于脱水而使大脑水量不足，它的功能就会退化。

养成更好的饮食习惯

为了确保有最佳饮食来支持你的记忆力改善计划，以下是我的建议：

- 写一周的饮食日志来监控你的饮食。
- 如果有必要，向你的医生或有资格的营养师咨询如何调整你的饮食，让它更健康。
- 多吃富含水分的食物，如沙拉和水果，每天至少喝 8 杯水。
- 吃饭有规律，吃一些"缓慢燃烧"的高能量食物来维持你的能量水平，比如全麦面包和意大利面、糙米、全麦早餐麦片和燕麦粥。
- 减少盐、糖摄入，这些成分在速食和"垃圾"食品里含量很高——记得仔细检查食品成分标签。

提高记忆力的食物

也有一些特定的食物可以增强记忆力，尤其是抗氧化物、B 族维生素和 ω-3 脂肪酸。

抗氧化物	B族维生素	ω-3 脂肪酸
苜蓿芽	乳制品	乳制品
浆果	瘦肉和家禽	鲭鱼
花椰菜	坚果和种子	鲑鱼
柑橘类水果	豆类	沙丁鱼
蔓越莓	麦芽	鳟鱼
葡萄		金枪鱼（新鲜的比罐装的更好）
羽衣甘蓝		
芒果和木瓜		
菠菜		
西红柿		

增强记忆力的食品

传统上，银杏被中医用来治疗多种疾病。科学研究表明，银杏提取物能刺激大脑的循环，从而提高短期记忆。

人参有助于消除大脑因压力产生的自由基和过量有毒化学物质带来的负面影响。

记忆助推杆

当你读这本书的时候，你就可以通过大脑的力量来培养极强的记忆力。

然而，当你逐渐提高你的自然记忆能力的同时，你也不应该忽视一些简单的"人工"方法，它们可以帮助你记住广泛的信息。

人工存储和检索系统

有很多实用的存储信息的方法,可以帮你在任何时候检索到信息,还有一些可以提醒你记住在正确的时间做某件事的方法。这里有一些建议。

- 设置手机闹钟——定个闹钟提醒你有一个重要的约会,或你必须在特定时间做的事情。
- 把冰箱当作一个提醒板——把你要做的事情用大号字体写在一张大纸上,贴在冰箱上,这是你经常能看到的地方。
- 坚持写日记——在日记中回顾你的一天,记下所有发生在你身上的重要事情,特别是你对它们的感觉。记住,日记是私人的,所以你可以真诚地记录你的想法和感受。在几个月或几年的时间里阅读日记会帮助你回忆过去,并触发一系列相关的记忆。
- 使用日历——在日历上记下重要的日子,比如生日和纪念日,以及什么时候买贺卡和礼物。
- 在你的电脑上显示提醒事项——如果你每天都使用电脑,就把你必须要做的事情写在纸上并贴到电脑屏幕上。这样当你用电脑时就能看到它们,也可以在你的电脑上使用提醒软件。
- "贿赂"你的孩子——如果你有年幼的孩子,可以让他们提醒你去做一些事情；如果他们在正确的时间提醒你，就给他们一些奖励，比如冰激凌、额外的零花钱等。

> 好记性不如烂笔头。
>
> ——中国谚语

你可能会认为使用这些方法是作弊，因为你没有依赖你的自然记忆力。然而，当你把信息从你的内心世界带到外部的真实世界时，你的记忆能力会显著提高。当你写下一些东西或把它记到电子设备上时，你可以看它、感受它，甚至可能听到它（如果你大声说出它是什么）。所有这些都会让信息更容易记住。

尝试使用我给你的一些建议来帮助你唤起记忆。或者看看你能不能想出其他的方法来帮助你记忆。

我把……放哪儿了？

很多人，尤其是随着他们年龄的增长，会开始认为他们的记忆力在变差，因为他们总是丢钥匙，总是把钱包放错地方,甚至总是忘记把车停在哪里!他们认为记忆力的衰退是导致这些失误的原因,但事实通常并非如此。一个简单的技巧可以确保你永远不会忘记把车停在哪里了,也不会再把钥匙或钱包放错地方。

你的意识和潜意识

最基本的说法是,我们在两个不同的层面上思考——有意识的和潜意识的。

此刻,你的意识集中在阅读这页的文字上。当你与世界和周围发生的事情打交道时,你大脑的这一部分是你进行有意识思考的地方。

潜意识处理你的意识不关心的所有事情,这些事情的范围要大得多。例如,你的潜意识目前正在处理你的左脚所经历的身体感觉。这些感觉,在我把你的注意力转向它们之前,你是不会意识到的。

你的潜意识非常强大,它可以让你按照"自动驾驶"的方式行动,所以你甚至不需要去想你在做什么,尤其是你经常做的事情,比如摘下眼镜,放下房门钥匙或车钥匙。

为什么你"忘记"你把钥匙放在哪里了?

你把东西放错地方的原因很简单(你会归咎于记忆力

差）。你放下它们的时候，并没有有意识地去想它们，因为你是在"自动驾驶"。你没有把注意力集中在你正在做的事情上——实际上，"你"从来没有"在那里"过，这就是为什么你无法有意识地记清你把钥匙放在哪里了。你的潜意识会知道它们在哪里。然而，由于我们是通过有意识的思维来融入世界的，所以钥匙就等于丢失了。随着年龄的增长，这种情况会不可避免地频繁发生，不是因为你的记忆力变差了，而是因为你会有更多的记忆和联想。结果，你的意识会更频繁地被分散，使你更难集中精力于你正在做的事情，尤其是一些平淡无奇的日常活动。

解决办法很简单

为了能够记住你把钱包、钥匙甚至汽车等东西放在哪里，你需要有意识地记住它们的位置。最简单的方法就是，大声说出你要放下的东西以及你要把它放在哪里。

例如，"我把钥匙放在微波炉上了"，或者"我把车停在 7 楼的 A 区了"——你可以在下车前说这句话，以避免其他开车的人看你不爽！

练习对自己大声描述你把东西放在哪里了——无论是在家附近还是在外面四处逛——直到它成为一种习惯。

那倒提醒了我……

如果你曾经计划向朋友或同事提及一件重要的事情,或者在办公室里完成一件特别的任务,而你却忘记了,这真的会令人沮丧。你需要的是一种简单明了的方法来提醒你何时该做什么。

为什么我们会忘记做某件事

我们有时会忘记在适当的时间去做某事,主要有三个原因。

- 我们想到需要采取一些未来的行动时,这个想法会在我们的意识中迅速闪过,我们并没有考虑足够长的时间来让它在正确的时间或地点有意识地"重新出现"。
- 这种记忆的缺失主要发生在我们正在做一些习惯性或有规律的事情的时候(比如花时间和同事或朋友在一起,或者去办公室)——我们切换到了"自动"状态,新的想法并没有机会嵌入我们的脑海。
- 我们还没有建立一个足够强大的激励机制在正确的时间提醒我们这个想法。

如果解决这个问题的办法是在合适的时间神奇地出现一个巨大的广告牌,上面有闪烁的灯光和响亮的音乐,还用巨大的字母写着提醒事项,那是不是棒极了?虽然我们可能无法做出一个真正的广告牌，但我们可以在脑海中创造一个与之作用相当的广告牌。这时，了解锚和诱因是很重要的。

诱因、锚和流口水的狗

20世纪初，俄国科学家巴甫洛夫做了一个著名的实验，让狗习惯于把铃声和喂食联系起来。当给狗食物时，把食物摆在它们面前，它们会流口水。巴甫洛夫发现，他可以让狗在没有食物的情况下分泌唾液，只需要摇铃即可。狗的脑海中牢牢地固定了食物和铃声之间的联系（通过条件反射实现）。铃声一响，即使在没有食物的情况下，也会引发唾液分泌反应。

诱因和锚在人类身上也起作用，因为多年来我们已经习惯于对特定的诱因做出特定的反应。例如，如果你在开车时看到红灯，就会自动刹车。如果你在社交或商务会议上被介绍给一个新认识的人，他们主动伸出手来和你握手，你会毫不犹豫地伸出手去回应。

应用这一知识

那么，你如何应用这一知识来确保你总是记得在特定的时间或地点做某件事呢？

这很简单——你只需要创设一个视觉提醒，让它固定在你的记忆中,并由特定的事件或地点自动触发。

诱因	锚定反应
红灯	停车
对方伸出手	握手

创造强大的自动提醒功能

让我们想象一下,你要去旅行,下次你遇到你的朋友约翰时,你必须问他是否愿意在几周后送你去机场。要做到这一点,你所要做的就是遵循"REMIND"过程:

在脑海中**审查**(Review)你必须做的事情,并想象自己正在做。用这种可视化的方式来想象这个行动将使你期望成功。所以,在这个例子中,你可以想象,当你下次见到约翰时,让他带你去机场。

把你的诱因事件(看见约翰)的图像在脑海里做**夸张**(Exaggerate)处理,并把它和你必须做的事情结合起来。你可能会看到你的朋友跨坐在一架移动的飞机上,就像它是一个机械公牛。图像越离奇怪异,效果就越好。这就是你的锚定反应。

运用你所有的感官和有效记忆可视化的原则(参见第一章),**最大限度**(Maximize)地提高对图像的记忆能力。

通过在你的脑海中多次重复这个联想,在你的锚定反应和诱因之间**建立**（Install）紧密的联系。这样每当你想到约翰，他跨坐在飞机上的画面就会浮现在你的脑海中。通过思考其他事情来**注意**（Note）这个诱因是否会起作用，然后再回头去想约翰。如果你首先想到的是他和飞机，那么你就知道这个诱因是可以起作用的。

如果它不起作用，就要**强化**（Deepen）练习，直到它起作用，或者找到一个更强的诱因。通过对自己肯定它会起作用来加深这个过程的力量，相信你的潜意识会在你遇到诱因时提醒你来记住它（约翰）。

当你下次见到约翰时，会自动想到他跨坐在飞机上的画面，这会提醒你要请他送你去机场。你已经创造了自己的"大脑广告牌"！

试一试

- 为了加强你对这个过程的理解,想想你所认识的会从这本书中受益的人,创设一个提醒,告诉他们你从这本书中学到了什么。
- 在工作中要做的事情或家里要做的事情上尝试一下这个提醒过程。
- 为了让自己相信牢牢锚定的诱因是多么强大和持久,播放一些你青少年时期听过的音乐,注意哪些记忆涌现出来。

第三章

厉害的技巧

GREAT TECHNIQUES

现在，你将学习一系列基本的、易于遵循的策略，来帮你记住和回忆各种各样的事，从方向到拼写。

如果你在见到某人的两分钟内就忘记了他的名字，这是有原因的，本章将告诉你这个原因是什么以及如何应对这种情况。你还会发现如何记住自己的信用卡和借记卡的密码，以及如何把那些似乎在最不合时宜的时刻闪现的灵感印刻在记忆里而不会忘记。你会发现如何在没有购物清单的情况下进行日常食品采购，并且仍然记得购买你需要的所有东西。你将学习一些简单的方法来记住方向以及正确拼写单词。

即时记忆

快速记忆训练法

Instant
Recall

Tips and Techniques
to Master Your Memory

记住名字——社交方法

许多人在记忆方面遇到的最大问题之一就是难以记住别人的名字,这常常导致他们认为自己的记忆力很差。然而,事实上,在大多数情况下,他们的记忆力是正常的,问题只是他们在处理新认识的人的名字时效率不高。

为什么记住名字这么难

如果我让你回忆一些你从未听说过的事情,你肯定认为我疯了。你怎么可能从记忆中检索一些不存在的东西呢?

好吧,虽然这看起来很傻,但这正是人们记不住名字的主要原因——因为他们从一开始就没有真正把这些名字存入大脑!

对许多人来说,在商业或社交活动中遇到新朋友是一件很有压力的事情。压力主要体现在,想要给人留下良好的印象、有被拒绝的可能性、要对想说的话进行心理演练、与人们接连不断的相遇,以及盘旋在脑海中的无数其他的事情。别人的名字几乎无法盖过所有这些内在的心理"噪声",进入你的记忆中。

记忆的秘诀

要想显著提高自己记住别人名字的能力,你需要在相互介绍的时候有意控制自己的思绪,这样你就能立刻记住他们的名字以及他们本人。下面的过程可以用于社交或商务场合。

一步一步地记住别人的名字

第一步——让你的感官做好准备

当你要结识新朋友时,你需要了解一下他们,所以你要准备好去看新朋友的脸,去听新朋友的名字。

第二步——握手

通过握手和问好来跟对方打招呼。通过以这种方式启动联系,你在这一过程中起主导作用,就更有可能记住对方的名字。

第三步——缓慢而清晰地说出自己的名字

这将帮助跟你见面的人在脑海中录入你的名字,也意味着他们可能会模仿你,以同样的方式告诉你他们的名字,这样你就更容易听清和理解。

第四步——集中注意力

当别人告诉你他们的名字时,一定要集中注意力,看着他们的脸,听他们说话。

第五步——说出对方的名字

马上这么做,你就能在你的意识中牢牢记住这个名字,以后也能更容易想起来。

第六步——你说对了吗？

和对方确认一下你的发音是否正确，如果有必要的话，甚至可以检查一下名字的拼写，这样更加清楚。这样，你就开始了一个微妙的重复过程，将这个名字牢牢地铭刻在你的记忆中。

第七步——询问关于对方名字的事情

这样做（尤其是遇到一个不寻常的名字时），你就是在继续重复以上过程。这会帮助你记住对方的名字，同样还表现出你对对方的兴趣。这会建立起更多的情感联系，帮助你记住新朋友和他们的名字。

第八步——将对方的名字牢记于心

只要有机会，就在心里回顾一下这个名字。环顾房间里你见过的人，默念他们的名字，确保你记得他们的名字。

第九步——使用对方的名字

在每个适当的机会使用这个名字，特别是当你和别人说话的时候。

例如，"珍妮特，你觉得这个怎么样？""很有趣，迈克尔。""约翰，能把杯子递给我吗？"

第十步——交换名片

在宴会结束时说再见,如果合适的话则要考虑交换名片。这不仅是最后一次重复对方的名字,而且当你收到名片时,你会看到名片上写着的名字,这也将帮助你记住它。

如果没有这一过程,发生在两个人第一次见面之间的介绍大多是一到两秒钟的快速握手,那么,几乎不可能记住对方的名字。如果你必须以这种方式与三个或四个以上的人见面,要记住他们的名字则将会非常困难。

不断练习

经过练习,这个过程中每个人的自我介绍部分将在 15～20 秒内完成。

这样你就有足够的时间记住这个名字,然后重复几次,和这个人建立更紧密的联系,这绝对会帮助你记住他和他的名字。

在接下来的一周,注意一下你已经知道了多少人的名字。这将表明你已经有能力记住别人的名字了。同时,留意一下一周内你认识了多少人,注意一下你用旧方法记住他们名字的效果。

在你开始使用这十步介绍法之前,和朋友或家人一起练习,直到你适应了这种过程,然后在下次和别人第一次见面时使用这一方法。如果你想成为真正擅长记住别人名字的人，你可以在每次使用这个方法的时候增加一个人。

记忆事实——助记符的魔力

当你需要记住一个常见的事实时，很有可能有人已经创造了一个简单而又聪明的方法来记住它。有种叫作助记符（mnemonic）的方法，它使用单词作为记忆提示。许多助记符是代代相传的。

首字母法

记忆信息最常用的方法，就是取你需要知道的每个单词的第一个字母，尤其是当数据有固定的顺序时。如果你难以记住彩虹的颜色，试试用这个久经考验的方法来帮助你记忆。利用每一种颜色的第一个字母：

红（Red）、橙（Orange）、黄（Yellow）、绿（Green）、蓝（Blue）、靛（Indigo）、紫（Violet）。

如果取每种颜色的第一个字母，我们可以得到：

R O Y G B I V

许多人仅仅通过记忆"ROY G BIV"就能记住这些颜色。而有些人则会编个句子来记忆，举例如下：

约克郡的理查徒劳无功（Richard Of York Gave Battle In Vain）。

不管你喜欢缩略语还是句子，你都有一种万无一失的方法来记住颜色的顺序。

另一种历史悠久的助记符，由初露头角的数学家发现，是记住数学关系的简便方法：直角三角形中某锐角的三角函数正弦、余弦和正切的值与斜边长度及该锐角的邻边和对边长度的关系。

正弦 = 对边 / 斜边（**S**ine = **O**pposite/**H**ypotenuse）

余弦 = 邻边 / 斜边（**C**osine = **A**djacent/**H**ypotenuse）

正切 = 对边 / 邻边（**T**angent = **O**pposite/**A**djacent）

为了记住这些公式，数学家们要么使用：

SOH CAH TOA

要么编出这样的句子：

Some **O**ld **H**ag **C**aught **A** **H**are **T**rying **O**ut **A**rtichokes.

（有个老巫婆捉到了一只正在尝洋蓟的野兔。）

数百万的孩子学习了太阳系中行星的名字，从离太阳最近的到离太阳最远的——水星（Mercury）、金星（Venus）、地球（Earth）、火星（Mars）、木星（Jupiter）、土星（Saturn）、天王星（Uranus）、海王星（Neptune），还有矮行星冥王星（Pluto）——这些都是通过使用行星的首字母来记忆的：

My **V**ery **E**asy **M**ethod **J**ust **S**peeds **U**p **N**aming **P**lanets.

（我的简单方法，恰好加快了行星命名的速度。）

混合助记符

有时候，同一件事有不同的记忆方法。例如，水手需要知道 port 是左舷，starboard 是右舷。

这里有三个选择。

注意，单词 PORT 和"左"的单词 LEFT 各有四个字母。

或：

想想这句话，"There's no PORT LEFT in the bottle because the sailors have drunk it all！（瓶子里没有剩余的波特酒了，因为水手们都喝光了。）"

或：

注意以下单词的字母顺序：

Port（左舷）在 Starboard（右舷）之前，正如 Left（左）在 Right（右）之前。

从大海到山洞……在山洞里，你会看到岩石从洞顶垂下，并从地面向上延伸。

它们被称为钟乳石（stalactite）和石笋（stalagmite），但是你怎么记得哪个是哪个？

STALA**G**MITE = **G**ROUND　STALA**C**TITE = **C**EILING

（石笋 = 地面　　钟乳石 = 洞顶）

或：

Stala**g**mites rise from the **g**round and stala**c**tites drop from the **c**eiling.

（石笋从地上升起，钟乳石从洞顶垂下。）

另一个常见的首字母助记符是 HOMES，它可以让人想起五大湖（休伦湖、安大略湖、密歇根湖、伊利湖、苏必利尔湖）的名字：

Huron Ontario Michigan Erie Superior

> **记性不强的人千万别说谎。**
>
> ——米歇尔·德·蒙田
> （Michel de Montaigne，1533—1592）

押韵和文字游戏

诗歌和押韵也可以帮助记忆有用的事实。最古老的例子之一是用于纪念哥伦布在美洲登陆的年份的诗句。

"Columbus Sailed The Ocean Blue

In Fourteen Hundred And Ninety Two."

（哥伦布在 1492 年航行在蓝色的海洋上。）

玩文字游戏也有帮助。夏时制的变化使许多人不知道是把时钟调快还是调慢。以下是怎样记住应该如何调时钟：

Spring Forward, Fall Back.

（春季前拨，秋季后拨。）

创造自己的助记符

当你面对新的、也许是相当模糊的事实时,你可能需要创造自己的助记符。虽然首字母法是通用的,但并不是所有事情都可以用这种方法分解记忆,所以我们尝试下一个技巧。

学会提问

学会提问是引导我们用积极有效的方式思考的有力工具。"要问的问题"专栏中的问题可以刺激你的记忆,从而产生一些很有用的助记符。

当你必须记住一个新的事实时,快速浏览一下这些问题——它们会让你产生很多想法来帮助你记住信息。

检查你的回忆

一旦你想出了你想要记住的任何事实的助记符,这本身就是一个很好的记忆标准,可以检查你是否能够在将信息暂时搁置一段时间之后回忆起你所学到的内容。

去做一些别的事情,让这些事情占据你的大脑20分钟,然后回来向自己证明你真的知道这些信息。如果你的记忆有任何不完整的地方,并发现很难回忆起所有的东西,那就用助记符,让记忆更牢,然后再测试你的记忆。

要问的问题

第一印象

这个新事实有什么明显突出的地方吗?

它让我想到了什么?

它看起来或听起来很像其他熟悉的事物吗?

这些词有什么规律吗?

用什么关键词来概括要点呢?

分析事实

我能把它分解成可以控制的小块吗?

我能把它弄得离谱怪异吗?

我可以夸张一下吗?

我能把它弄得五彩斑斓、幽默风趣吗?

我可以画幅画来表现它吗?

我能缩写一些单词吗?

我可以用这些单词的字母组成一个新单词吗?

我可以用什么来押韵吗?

我可以创作一首诗或一个顺口溜吗?

做比较

这与其他相关的事实有何不同呢?

这与其他相关的事实有何相同之处呢?

使用不同的学习风格

我怎样才能让它**看起来**更容易记住?

我如何从中创造一种**声音**呢?

我如何从中创造一种**动作**呢?

> 我年轻的时候什么都记得,无论它是否发生过。
>
> ——马克·吐温(Mark Twain,1835—1910)

创造性地思考

尝试设计自己的助记符的美妙之处在于,仅仅通过创造性地全面思考需要记住的信息,你就能将事实更深入地嵌入大脑,因此更有可能记住它们,哪怕你想不出一种明显的助记符。

现在轮到你了

试着为以下事实创造你自己的助记符——行星按照从最大到最小的顺序排列如下:

木星、土星、天王星、海王星、地球、金星、火星、水星。

记住拼写

英语中的拼写可能是个挑战，因为许多单词的拼写方式与它们的发音方式不同。通常一种发音有许多书写方式。

这让英语学习者和以英语为母语的人感到很困惑，但是有一些技巧可以帮助你记住经常拼错的单词的正确拼写方式。

用你的眼睛

如果一个人不擅长拼写，并不一定意味着他们不如擅长拼写的人聪明。很可能他们只是在记忆字母顺序方面比较糟糕。大多数不擅长拼写者会对自己"说"单词，然后按照发音转换成字母。

而擅长拼写的人拼写一个单词时，他们会在脑海中"看到"这个单词，并复制他们"看到"的内容。因为很多单词并没有按照发音来拼写，所以这个过程比试着拼写听到的单词更有效。

如何记住难词的拼写

拼写较难单词的另一种方法是，专注于这类单词中你记忆困难的部分，并思考与这类词有关联的短语或图像，以帮助你正确拼写。下面是一些例子：

"单独的，独立的"是 separate，还是 seperate？	有一只单独的老鼠（There's **a rat** in separate.）
"必需的，必要的"是 necessary，neccessary，还是 neccesary？	Necessary 有一个"c"和两个"s"，因为男人的衬衫必须有一个领子（collar）和两个袖子（sleeves）
"文具"是 stationary，还是 stationery？	信封（envelope）是文具（stationery）的一个例子，它以"e"开头
"尴尬"是 embarrass，还是 embarass？	我们让某人尴尬（emb**a**rr**a**ss）时，他们的脸会很（**really**）红（**red**）

对于第一次学习新单词的孩子来说，下面的句子既有趣又容易记住：

Because（因为）	大象总是懂小象（**B**ig **e**lephants **c**an **a**lways **u**nderstand **s**mall **e**lephants.）
Wednesday（星期三）	我们不吃甜食的一天（**We** do **n**ot **e**at **s**weets **day**.）

这些只是一些较为常见和流行的如何记忆单词拼写的例子。但最好的方法是你自己想出来的，因为它们最有可能印在你的脑海里。试着找到你自己的方法来帮你记住这些经常拼错的单词：

华氏度（**Fahrenheit**，不可写为 Farenheit）

干的（**Desiccated**，不可写为 Dessicated）

取代（**Supersed**e，不可写为 Supercede）

你试着拼写单词的时候，把它形象化，然后写出来，而不是只对着自己说出来。

请务必记住你的密码

个人密码可以保护你的信用卡和借记卡不被滥用,但它们会安全到甚至连你都无法使用,因为你忘记了密码!你需要的是一种记忆数字的方法,既方便使用,每次都有效,又能保证卡的安全。

选一个好数字

第一个简单方法的美妙之处在于,你可以选择你想要的数字作为密码。对于四位数密码,不要选择像1234、1111或2222这种明显的组合,这样的密码没有意义。

最好选择一个对你来说独一无二的数字,但又不要太明显。例如,你可以选择你母亲的生日、你第一个孩子出生的年份、你最喜欢的球队上次赢得超级杯或世界大赛的年份,或者任何其他对你有特殊意义或与你有关的四位数。

你可以做以下两件事来记住需要记忆的密码。尝试看看哪种方法更适合你。

- 创造一个生动的形象,把你选择的重要数字和你的信用卡联系起来。如果你用母亲的生日做美国运通卡的密码,那么想象一下你的母亲戴着一顶派对帽,拿着插满蜡烛的生日蛋糕,同时使用那张卡片。当你把信用卡拿出来的时候,你会想起你妈妈在她生日的时候用过它,然后回忆起密码。

- 在你的信用卡上放上一张神秘的纸条，比如"用美国运通卡给妈妈买生日礼物"。

当你把信用卡拿出来的时候，只要看看这张纸，就知道密码了——但是这个线索对其他人来说毫无意义。

当然，你可以将这套体系用于任何短密码的记忆，如借记卡或密码锁。

使用你的信用卡号码

记住个人密码的另一种万无一失的方法是根据信用卡号码本身选择密码。例如，假设你的卡号为：

4929 4263 7812 3611

虽然从这四个数字组中选择一个或任何容易猜出的组合都是不明智的，但你可以用它作为密码的基础。例如，取每组的第一个数字并在其上加1，得到5584。不管你用什么方法，你都会有一个独特的密码，只要看一下你的信用卡就能回忆起来。

混合搭配

如果你要记住一张卡和一个密码，你可以选择使用你最喜欢的方法。如果你有不止一张卡，那么就为每一张卡选择一个独特的密码，并使用不同的技巧将每个号码记住。

记住方向

迷路的绝望是我们都想避免的事情，而问路是防止这种情况发生的好方法。

然而，即使我们停下来问过路了，我们中的许多人仍然会走到没有人烟的地方，因为忘记了别人给的指示。想要记住方向，可以用一个简单的方法，并且也要简单了解一下我们的思维方式。

用不同的方式思考和交流

在我们的五种感官中，我们的所见（视觉）、所听（听觉）、所感或所做（动觉）对我们交流和学习的方式影响最大。你和你遇到的每个人都会使用这些感官，但程度不是相同的，因为在这三种感官中，会有个人偏好。正是这种偏好（或学习方式）决定了你学习东西的最有效的方式。

当面对关于方向的问题时，偏好视觉的学习者会更喜欢看地图或看书面指示。那些有听觉偏好的人会很乐意听别人描述路线，而那些有强烈动觉偏好的人则更愿意有人带路。

当使用一种学习方式的人试图用另一种学习方式帮助他人时，挑战就来了——例如，喜欢看地图或书面指示的人直接被口头告知方向。虽然他们能理解所讲的内容，但他们很可能没有吸收，因此他们会发现记住这些方向更难了。

想想你自己理想的学习方式。当你知道了它是什么，你会发现，如果用你喜欢的形式，跟随和记住方向指示会变得更容易。

然而，当我们在一个陌生的地方停下来问路时，我们并不总是能够以我们喜欢的学习方式获得方向的指示，所以我们需要的是一个有效的过程来记住口头表述的方向。

寻求帮助时遇到的问题

不幸的是，当我们接受别人的口头指导时，有很多因素会对我们不利。

- 太多不熟悉的信息以太快的速度提供给我们，让我们无法理解、无法记住。
- 男性通常想知道旅程的路径点——例如十字路口、三岔路和红绿灯——以及在每个路径点应做什么。而女性通常认为描述沿途的每一个重要地标或显著特征也很重要，比如教堂、电影院或学校。男人经常会因为女人给他指路而感到困惑和沮丧，反之亦然。
- 问路是一种压力很大的经历，尤其是当你已经迷路了，但向陌生人寻求帮助让你感到不舒服的时候。如果你感到有压力，你的记忆力就不会发挥出最好的作用。

你的个性化方向归档系统

关于如何到达某个地方的指示几乎完全由方向（左、右、直走）以及沿途的路径点和路标组成。随着一段旅程顺利地分成几个阶段，诀窍就是为每条单独的指令准备好记忆"挂钩"。由于方向是关于移动的，所以用你的身体作为这些"挂钩"的位置点是合适的。

大多数简单的方向很少超过七个阶段，所以你可以用耳朵、肩膀、肘部、手腕、手、臀部和大腿作为合适的位置。如果有需要，你可以继续用脚和身体背部的位置来进行更复杂的指导。下面将详细介绍如何使用这些记忆"挂钩"。

为方向左、右创造令人难忘的画面——方向左，可能是一头鬃毛浓密的金色狮子；方向右，可能是一只巨大的长耳朵的亮粉色兔子。练习想象这些画面，这样狮子代表左、兔子代表右（或任何你选择的）的联想就会瞬间出现。

问路——一步一步来

下面这个过程会帮助你理解并记住方向，这样你就不会迷路了。

- 当你停下来问路的时候，一定要问他们最简单的路线。这样做，你就能巧妙地引导他们给你明确、直接的指示，这样你更有可能跟得上。

- 当这个人描述路线时,你只需要听路径点,并通过将奇异的画面按顺序排列在你的身体归档系统中来记住它们。
- 向帮你指路的人重复说出路径点,但这次要问他们在每个路径点你应该做什么。所以,如果你必须左转,在你的路径点画面中加入狮子,等等。
- 再重复说一下这整个路线,以确保你听懂了,但这一次问一问沿途有哪些显著特征。将这些特征加入你为旅程的每个阶段所想象的画面中。

通过这种方法,你确认了三次方向,每一次都收获更多的细节,并能检查自己是否听对了。这一方法的另一个优点是,它还会给你足够的时间来正确地记住指示。

记住方向

为了记住这次旅行,请想一下你在身体的每个部位依次放置的图片。举个例子,如果你想到肩膀,就"看到"在一个十字路口有只巨大的粉色兔子蹦蹦跳跳,还拿着汉堡包,你就会知道,当你到达这个十字路口时你要向右转,并且沿途会经过一个快餐店。这个过程描述起来要比实现起来辛苦得多,所以还是去试试、去看看。这很有趣,而且,和许多记忆辅助工具一样,通过练习,这很快就会成为习惯。

记住任务和简单的清单

在纸上写下任务清单，你就会忽略要保持良好的记忆状态；如果你丢失了清单，你可能会错过一些重要的事情。你需要的是用简单、有趣的方法来记住这个清单——好处是这将帮助你保持良好的记忆力。

故事的魔力

早在电脑和录音设备发明之前，甚至在纸和笔发明之前，一代代的人们就用故事传递民间传说、社会和文化历史，这些故事往往可以延续数百年甚至数千年。作为一种记忆手段，故事的力量极其强大，因为它们以一种容易回忆的方式生动地传达信息。一个好的故事是引人入胜、令人愉快的，它的流畅性和连续性充满了吸引力，并能唤起强烈的情感呼应——所有这些都使故事令人难忘。

如何创作一则好故事

下面是创造故事来帮你记住任务的秘诀：

- 明确你要记住的是什么。
- 运用第一章中提到的想象力技巧，为清单上的每一项任务在脑海中创造出色的形象。
- 在一个好玩、有趣甚至是奇异的故事中，在每个形象之间建立强有力的联系，要确保你把故事夸张、润色了，并调动你所有的感官。

- 在脑海中回顾几次你的故事，以确保你能流畅地回忆起列表上的任务。

假设你必须记住做以下事情：

- 喂隔壁的猫。
- 买报纸。
- 把汽车的排气装置换一下。
- 拿回你放在图书馆的书。
- 预约牙医。

首先要做的是创造一个起始图像，该图像将始终用于你当前的任务清单。例如，让我们以记事本和笔的图像为例（如果你不想记住任务清单，那么无论如何，这两样东西都是你可能会用来写清单的）。

猫的故事

根据上述方法，这个故事可能会像下面的例子一样。

想象一下，一个亮红色封面的**巨大记事本**神奇地飘浮在空中。上面还有一支巨大的宝蓝色钢笔，唰唰地写着东西。突然，记事本的书

页开始飞速翻动,好像有股强大的风。这时你听到了一声很响的"喵"叫,只见**隔壁**的猫从记事本里飞出来,头朝下摔在一个盛着猫粮的黄色碗里,猫粮飞向四面八方。猫愤怒地抬起头,头上沾满了猫粮。它向你眨眼,然后从它的爪子下面拿出一份今天的**报纸**,接着坐起来,像人一样盘起腿,戴上一副大眼镜,开始读报纸。猫一看完报纸,就把报纸塞进你汽车的**排气**管里。你上了车,发动了引擎,但是突然你的车发生了回火,只听"砰"的一声巨响,卷起来的报纸从图书馆的窗户飞到了空中。它撞在一个巨大的书架上,使书架摔在地上,书从四面八方飞了出去。人们试图从**图书馆**里跑出来,以摆脱混乱,但首先他们必须让一个身着紫色长袍、头上绑着手电筒的高个子**牙医**检查牙齿。

现在在你的脑海中反复回顾这个故事,几分钟后,看看你能回忆起什么。为了记住你的任务,想想你的记事本和笔,它们会触发故事的其余部分,然后你就能准确地回忆你需要做的任务列表。

一旦你习惯了这种方法,你就可以尝试在任何时候记住一份简短的任务清单了。

练习这一方法

通过下面的练习来锻炼你的"记忆肌肉"。

练习一

花几分钟写一则故事，把下面清单上随机排列的条目联系起来，并记住它们：

矿泉水

小狗

钻石项链

钢笔

自行车

把本书放在一旁10分钟，把清单上的词写下来。按照清单对一下答案。

练习二

现在创作一个故事来记住以下任务：

- 去邮局给朋友寄包裹。
- 把你最好的衣服送到洗衣店去。
- 去商店买些牛奶。
- 在最近的自动提款机停下取些现金。
- 到修鞋铺去取鞋子。

把本书放在一旁20分钟，借助你编的故事，把上面的任务清单写下来，检验一下你的记忆力。

然后对一下答案。

我一定要记住去……

我们无法写字时——例如，开车或洗澡时，灵感通常会突然闪现。它们似乎显而易见，但当我们试图回忆它们时，记忆却是空白的。有了下面这个技巧的帮助，你将永远不会忘记你的绝妙想法。

你的首个记忆存档系统

我们要做的是，在脑海里为你可以随身携带的纸和笔创造一个等效物。这样，每当有想法出现在脑海中，或者如果你突然意识到有些事情你必须在以后去做，你就可以把它记下来，以便于回忆。

在前面，我们谈到你的记忆就像虚拟文件柜一样工作。你现在要创建一系列的虚拟文档来记住你闪现的灵感。当你开发强大的记忆力时，你将使用许多记忆存档的方法。在本书的帮助下，你将开始接触第一个方法。

数字押韵法

组织文档系统最简单的方法是给文件编号。因此，我们的第一种方法包括从1到10编号的十个文件，但是，由于我们发现用图像思考比用数字思考更容易，所以我们现在必须将每个文件编号转换为图像。

这种方法被称为数字押韵法，因为我们发现物体的图像与每个数字的发音押韵。下面是最常用的图像。如果有哪张图像不适合你，你可以用自己的图像加以替换。

数字	英语谐音	中文谐音❶
1 (One)	Sun（太阳）	衣服
2 (Two)	Shoe（鞋）	耳朵
3 (Three)	Tree（树）	山峰
4 (Four)	Door（门）	寺庙
5 (Five)	Hive（蜂巢）	舞蹈
6 (Six)	Sticks（棍子）	柳树
7 (Seven)	Heaven（天堂）	油漆
8 (Eight)	Gate（大门）	芭蕉扇
9 (Nine)	Wine（葡萄酒）	白酒
10 (Ten)	Hen（母鸡）	石头

创造令你难忘的图像

能够让这一方法为你服务的秘诀是给每个"挂钩"单词创造令你难忘的图像，可以使用第一章中提到的建议，给单词增添趣味。例如，对于数字2，我们使用鞋子的图像。你在脑海中看到一双自己的鞋子——6英尺高，由闪亮的红色漆皮制成的细跟鞋——不会有比这更令人难忘的了。这图像必须真实、让人难忘，你甚至可以"闻到"新皮革的

---

❶ 中文谐音为编者所加。——编者注

味道。

花几分钟的时间为每一个图像创造出令人难忘的画面——真正用心去装饰它们。当你完成这些之后，花20分钟去做其他的事情，然后回来，把数字1～10写在纸上，看看你能记住多少用数字押韵法记忆的图像。你的目标是达到这样一个阶段：当你一想到每个数字的押韵词时，你就会自动想到相应的图像。

如何使用这一方法

你的首个记忆存档法是为你不能写东西的时候准备的。想象一下，你正在洗澡，却突然对某个问题灵光一闪。用你的想象力为你的想法创造一个令你印象深刻的图像，然后把这个图像与数字押韵法中的文件联系起来。

1 (One)	Sun（太阳）	书	想象一下，炽热的太阳融化了一本绿皮书的书页
2 (Two)	Shoe（鞋）	桌子	想象一只大号女鞋牢牢地嵌在一张木桌上
3 (Three)	Tree（树）	长颈鹿	想象一下，在一片巨大的森林里，数百只长颈鹿在吃树叶
4 (Four)	Door（门）	T恤衫	想象一件T恤衫慢悠悠地来到门口（好像是隐形人穿着），然后砰地关上门
5 (Five)	Hive（蜂巢）	苹果派	想象一群蜜蜂飞出蜂巢，落在一个苹果派上，舔着嘴唇吞食苹果派

续表

6 (Six)	Sticks（棍子）	鼠标垫	想象一下，有一堆尖利的棍子，每根都刺向一个五颜六色的鼠标垫
7 (Seven)	Heaven（天堂）	电话	听到电话铃声的巨响，真切地看到一位穿着白衣的美丽天使飘来，拿起话筒接听电话
8 (Eight)	Gate（大门）	皮夹	听一扇生锈的旧门打开时发出的吱吱声，门上挂着一只大皮夹，钞票随着门的打开而掉了出来
9 (Nine)	Wine（葡萄酒）	DVD播放器	想象一下，玻璃杯中的红酒正滴在DVD播放器的磁盘托盘上，让你担心极了
10 (Ten)	Hen（母鸡）	芦笋	看见一只肥母鸡，两只翅膀下各有一根巨大的绿色芦笋尖，嘴里还衔着一根

例如，如果你的想法是在一项特别困难的工作上尝试一个不同的工具，想象一下工具被太阳（与序数1关联的图像）晒得烫手，拿都拿不住。

一旦你在脑海中创造了一幅画面并将其与记忆中的信息联系起来，在脑海中抓住这个想法，你就不会失去它。为了提醒自己，想想你的数字押韵图像，看看你的脑海中会出现什么。

你还可以记住其他东西！

你不要仅仅使用数字押韵法捕捉想法。你还可以将它用于记忆任何物品的清单或顺序，甚至是我（故意）随机列出的上面的单词列表：书、桌子、长颈鹿、T恤衫、苹果派、鼠标垫、电话、钱包、DVD播放器、芦笋。

你越能运用高效的可视化原则来"装饰"联想，你就越能更真实地"看到"你所创造的画面。通过想象每个数字的押韵图像，看看在脑海中会出现什么。10分钟后再回来看本书，检验一下你能记住多少单词。

利用字母表购物

如果用一张清单来记下你需要的生活用品，在你丢失清单的时候比较麻烦，还意味着你的"记忆肌肉"松弛。通过为你的购物清单创建一个简单的记忆文件系统，你就再也不需要找笔和纸，而且能提高你的思维敏捷性和专注力。

你需要能记住购物清单的技巧吗？

看两分钟下面的清单，把书放在一边，看看你能回忆起多少。

牙膏	奶酪	西红柿	牛排
香蕉	皮塔饼	鲑鱼	汉堡包
金枪鱼	草莓	酸奶	卫生纸
卷心菜	汉堡包	胡萝卜	大米

梨　　　洗发水　　花椰菜　　肥皂

牛奶　　长面包　　意大利面

奶油　　面包圈　　除臭剂

虽然你也许能回忆起其中的一些词，但如果你能全部回忆起来，我会很惊讶——第一次能想起来 10 个就很棒了。不过，在我给你可以记住清单的技巧之前，有一个增强记忆力的简单步骤，你可以先试试。

第一步——组织你的清单

拿一张纸，把这个清单分成五个不同的类别。你根据清单内容来确定分类。完成后，花 10 分钟做其他事情，然后看看你能回忆起多少。

通过组织清单，你能记住的东西可能比你按照最初随机写的顺序记住的多。以这种方式组织数据的方法被称为"分组法"。我们的记忆能力可以记住以某种方式联系在一起的事物，这种方法就是利用了这一点。

这里的另一个原则是，通过将清单中不同的内容按你选择的类别进行分组，你会比仅仅通读一遍更深入地思考这个清单。因此，你更有可能记住清单上的内容，因为你在上面投入了更多的精力。

请参阅下面的表格，了解我是怎样组织清单的。

家居用品	洗发水、肥皂、牙膏、除臭剂、卫生纸
烘焙食品	长面包、皮塔饼、面包圈、汉堡包、意大利面、大米
水果和蔬菜	梨、香蕉、草莓、花椰菜、卷心菜、胡萝卜、西红柿
肉类和鱼类	牛排、汉堡包、金枪鱼、鲑鱼
奶制品	牛奶、奶酪、奶油、酸奶

现在我们必须找到一种方法来全面准确地记住这份清单。

字母表记忆存档法

在上一节中,我在你的首个记忆存档法中介绍了数字押韵法。你可以用它来记住你的购物清单,但你可能只能记住10件东西。

就像你会用不同的纸来写不同的清单一样,我们也会将不同的记忆方法应用于不同的场景。在本例中,我将向你展示如何使用字母表来组织记忆文件,这会提供26个"挂钩"来帮助你记忆。

这一方法成功的秘诀是,只要你想到字母表中的一个字母,就会有一个图像立即浮现在脑海中。

有些字母会很自然地适合于特定的图像,而其他字母则需要花点心思。下面是我使用的图像。

杂技演员（Acrobat）	网（Net）
蜜蜂（Bee）	猩猩（Orangutan）
猫（Cat）	熊猫（Panda）
狗（Dog）	女王（Queen）
鹰（Eagle）	玫瑰花（Rose）
青蛙（Frog）	蛇（Snake）
吉他（Guitar）	狼蛛（Tarantula）
马（Horse）	制服（Uniform）
黑斑羚（Impala）	花瓶（Vase）
小丑（Jester）	窗户（Window）
壶（Kettle）	X光机（X-ray machine）
套索（Lasso）	牦牛（Yak）
老鼠（Mouse）	祖鲁武士（Zulu warrior）

有些单词和它们的图像可能不适合你，所以你可以随意将它们换成适合你的——谷歌互联网的图片搜索功能可以帮你找到你选择的每个单词的图像。有个简单的方法可以让你牢牢记住它们。

取26张薄硬纸板（大约扑克牌大小），一面写上字母，能写多大就写多大，另一面写上你选择的形象的名字。洗牌，然后把字母对着你，依次翻看纸牌，看看你能多快地把相关的图像记在脑海里。重复这样做，直到你回忆每张纸牌的时间不超过一秒。

使用字母表法

你现在可以用字母表法来记忆有序的清单。以下是你如何从前三个开始的方法。

杂技演员（Acrobat）	洗发水	想象杂技演员的身体在堆成金字塔形的洗发水瓶子上保持平衡
蜜蜂（Bee）	肥皂	看一只蜜蜂飞到一朵花上，用肥皂擦它，使它散发香味
猫（Cat）	牙膏	想象有只猫在清洁牙齿

按类别浏览整个列表，在每个词和下一个字母之间建立牢固的联系。不要图方便，随便匹配图像和条目，比如胡萝卜配马。

通过浏览你的图像字母表并回忆你在那里留下的"挂钩"，这一方法便奏效了。条目和字母之间的联系越奇特，效果就越好。

记住你所听到的

如果你发现自己很难回忆起对话中听到的东西，你便很自然地认为是自己的记忆出问题了。然而，很有可能是你在开始就没有正确地去听，或者你没有记住它们的好策略。

为什么你有时会忘记

你难以记住别人告诉你的事情，原因有很多：

- 如果你听的时候注意力不集中，你的大脑就会走神。

因此，尽管你可能在看着说话的人，但你的意识并没有听到说话的内容，也记不起它。

- 如果你更喜欢的学习方法是视觉的或者动觉的，你可能会发现回忆你所听到的内容很困难。
- 如果你被告知的内容复杂、困难，你可能会不知所措、迷失方向，这将使理解和记忆信息变得困难。

提高记忆力的实用方法

如果你想记住更多你听到的东西，试试下面的一个或多个策略吧：

- 使用快速重复法——简单地在脑海中重复你听到的内容。

这将使你的注意力更敏锐地集中在听到的东西上，防止大脑走神。

- 在对话中，每隔一段时间，就向说话者复述一遍你所听到的内容，这样你就能了解对方说了些什么。
- 如果你不明白对方在说什么，就提出问题，或者让对方用不同的方式解释信息。
- 如果可能的话，做一些关于关键词或短语的笔记。

鉴别要点

如果你想记住你所听的内容，形成鉴别要点的能力是非常重要的。听广播是很好的练习方法，尤其是听戏剧，并在听的过程中发现要点。通过练习，你会发现你可以通过挑出你感兴趣的"亮点"来总结所讲的内容。

运用记忆技巧

一旦你能够以这种方式总结信息，你就可以使用一种记忆存档法来记录你听到的任何内容的关键点。我建议你做一些20个阶段的"大脑旅行"（见第四章"旅行技巧"一节），专门用来在谈话中做"大脑旅行"。然后，当你鉴别出一个要点时，为它创造一个很有冲击力的形象，并将其与你的某个"旅行地点"联系起来。你会发现，如果你从一段对话中记住20个要点，其他你还没有记住的细节就会在脑海中浮现，这归功于自然联想和联系的力量。

回忆过去

大多数人喜欢回忆，但是如果回忆中有空白，回忆起来就有些难。然而，你可以通过了解如何引发和建立记忆来恢复它们。诀窍在于从你能回忆起的东西开始，然后围绕它建立细节，直到你重新创建整个记忆。

找到起点

想象一下,你的每一个记忆都储存在一扇不同的锁着的门后。有时,这些门很容易打开,但通常它们是锁着的,记忆就隐藏在后面。然而,要想打开一扇门,进入隐藏的记忆,你所需要的就是一把正确的钥匙,用记忆的术语来说,这把钥匙与你要记住的东西相关。

找到钥匙并开启记忆的一个好方法是收集你想记住的某个时间点之后的所有物品。它们可能是照片、旧日记本、衣服、玩具或那个时期的任何其他纪念品。仔细检查它们,看看脑海中会浮现什么感觉。

特别是在看照片的时候,观察照片主体周围的细节,看看你还能回忆起什么。听那个时代的音乐,或者阅读当时的书籍和报纸,也有助于产生相关的记忆。如果你看到的不是真正的钥匙,它可能会引发其他东西来解锁你的记忆。

问自己一些问题

如果你没有能够刺激记忆的任何值得纪念的事物,就安静地坐着,闭眼放松,在你的想象中把自己带回到那个时候,把注意力集中在你可以回忆起来的事情上,感受想要找到的东西。你的目标是尽可能完整地重新体验这个事件。问自己下列问题,来帮助刺激你的感官和情感记忆:

- 我看到了什么?
- 我听到了什么?
- 我闻到了什么?
- 我摸到了什么?
- 我尝到了什么?
- 我感觉到了什么?

开启记忆

无论你使用哪种方法,你都会发现,当一个微小的细节浮现在脑海中时,它会引发对另一个相关细节的回忆,进而引发又一个相关细节的回忆。

这些"钥匙"会开启你对那个事件或地方的记忆,这些记忆就像洪水一样涌来。

> 嗅觉和味觉,淡弱却持久……像灵魂一样绵延不绝,让人记忆犹新。
>
> ——马塞尔·普鲁斯特(Marcel Proust,1871—1922)

插曲

神奇的记忆世界

如果你已经完成本书前面的练习,那么你的记忆力已经得到了很大的提高,这是大多数人无法想象的。本节可以让你松口气,放松一下,享受一些记忆领域的有趣花絮。

著名的记忆大师

人们一直以来都对惊人的记忆本领着迷。这些年来,许多记忆大师已经成为他们这一代家喻户晓的名字。20 世纪初,许多著名的魔术师,例如哈里·胡迪尼(Harry Houdini),以惊人的记忆力使观众赞叹不已,但是直到 20 世纪 50 年代,诸如美国的哈里·洛拉尼(Harry Lorayne)和英国的莱斯利·韦尔奇(Leslie Welch)等人才开始进行专门的记忆表演,记忆技巧才真正出名。

哈里·洛拉尼最喜欢的表演之一就是记住他的观众的名字。在他的职业生涯中,据说他记住了一百多万人的名字。记忆界的明星包括凯文·特鲁多(Kevin Trudeau)和 8 次世界记忆锦标赛的冠军得主多米尼克·奥布莱恩(Dominic O'Brien)——他除了其他成绩外,还记住了《全民猜谜大挑战》节目的所有答案!

这些"记忆之星"中的大多数人都是通过几个世纪前的人们创造的技巧和思想来训练自己的记忆力，但也有一些著名的"天才"——天生拥有非凡的记忆力。金·皮克（Kim Peek）就是这样一个人。金生于 1951 年，他在 18 个月大的时候就开始阅读书籍，并能准确地阅读和记忆超过 1.2 万本书。他读完一页书只需要 8～10 秒，然后这一页的内容就储存在他的"大脑硬盘"中，将来任何时候都能回忆起来。金的记忆力惊人，但他的智商很低，不会系衣服扣子，也不会处理日常生活中的琐事。脑部扫描发现了他大脑的结构异常，但这对他的记忆整体上有什么影响，人们了解得还不够。不幸的是，金于 2009 年去世，享年 58 岁。

世界记忆锦标赛

东尼·博赞（Tony Buzan）是世界上研究如何提高记忆力的权威专家之一。20 世纪 90 年代，许多专心致志的记忆术专家在他的带领下，设立了一场竞赛，看谁的记忆力最好。从一开始的一个不起眼的比赛成长为一个真正的国际大赛，这一竞赛吸引了来自世界各地的竞争者和各路媒体的广泛兴趣。此外，记忆作为一项竞技被越来越多的人接受，许多国家现在都举办了自己国家和地区的记忆比赛。这项比赛就像大脑的十项全能，因为它涉及 10 个项目，是速度和耐力的结合，挑战者必须记住一副随机排序的纸牌、数字、名字、清单和一首诗。

世界纪录

世界记忆锦标赛创造了一系列令人惊叹的纪录,这些纪录又不断地被打破。

以下是一些令人震惊的"记忆壮举":

- 按顺序记住一副牌——用时31.16秒。
- 一小时内记牌27副(即1404张牌)。
- 五分钟内记住的随机数个数——333。
- 一小时内记住的随机数个数——1949。

不是所有的世界纪录都是在世界记忆锦标赛上创造的。例如,数学数字π(3.14159……)几个世纪以来一直吸引着人们。它是无限不循环小数,是记忆成就的"珠穆朗玛峰"。这个数字的世界纪录是由日本心理健康顾问金田康正(Akira Haraguchi)创造的,他成功记住并背诵出了π的小数点后83431位。

记忆对你的大脑大有益处

有些世界纪录可能听起来有点超出你的能力,但不要被吓住了。学会本书教授的技巧,再加上一点练习,你也可以取得类似的成绩。即使你对成为一名专业的记忆术专家不感兴趣,如果你运用在这里学到的思想和技巧,你的大脑也会得到很好的锻炼。

2002年,我参加了伦敦神经学研究所进行的一项研究。他们扫描了记忆术专家的大脑,这些专家使用了我在书中提到的记忆技术。专家们不仅表现得比对照组好,而且研究发现他们大脑中有更多的部分在工作,尤其是海马体。海马体负责将短期记忆转换成长期记忆,当我们想到我们熟知的事物时,它就会活跃起来。这一切都表明,记忆真的是一种很好的脑力锻炼方式!

第四章

决胜练习

WINNING WORKOUTS

现在你已经有一些经验了，也知道了大幅度提高记忆力是件多么容易的事，是时候在这些基础上进一步提高你的记忆力了。

本章仍然使用你已经熟悉的原则，但介绍了一些新的通用技巧。

在这里，除了其他话题，你会学到记住一篇演讲并能滔滔不绝说出来的方法，还会学到记住你读过的东西的策略——无论是报纸文章还是小说。你将发现学习外语词汇的窍门，以便更容易地记住它们；还会发现永不忘记重要的日期或约会的技巧。本章还将向你介绍所有已知的最强大的记忆方法，让你能立马用上，来完成一些令人印象深刻的记忆"壮举"。

即时记忆

快速记忆训练法

Instant
Recall

Tips and Techniques
to Master Your Memory

记住名字和面孔——助记符法

正如我在前一章中解释过的记忆人名的社交方法一样，还有另一种与之相关的技巧。这种方法被称为助记符法，它利用记忆原理来增添名字的趣味性，并将其与面孔联系起来，同时使两者都令人难忘。它与第三章开始介绍的社交方法的第 8 步相关联。

你看起来像……

记忆的一个原则是，记住与我们已知的东西在某种程度上有联系的东西更容易。当我们与人初次见面时，我们该如何应用这一原则呢？

首先，通过人的外表，找到一些能立即让你想起你认识的人或事的东西。如果什么也想不起来，你就得发挥你的想象力了！你可以发挥你的创造力，试着问自己一些问题，举例如下：

- 他看起来像我认识的人吗？
- 他看起来像某个名人吗？
- 他看起来像一个典型的 XYZ（如警察、歌手或律师）吗？
- 他有没有什么突出的特征，让别人可以一眼就认出来？

- 他有什么我可以夸大的或滑稽的特征吗？

强化联系

一旦你找到了一个令人难忘的图像，就可以通过看着这个人并同时联想这个图像来加强这种联系。如果你每次见到那个人都这样做，你的图像链接就会自动进入你的脑海，成为一个大脑记忆文件。练习通过看新闻来寻找强有力的图像联系。

假设你遇到了一个人，这个人会让你立刻想起珍妮弗·安妮斯顿（Jennifer Aniston，《老友记》中的瑞秋）。每当你看到这个人，你的大脑就会想到珍妮弗·安妮斯顿，这个与之相关的形象牢牢地扎根在你的记忆中。

看到这个人→想起珍妮弗·安妮斯顿

记住名字

接下来，你需要创造联系和联想来帮你回忆这个人的名字。最好的方法是将名字转换成图像，并将其链接到面孔的记忆文件中。假设你见过的那个人叫佩内洛普·桑切斯（Penelope Sanchez）。要把这个名字转换为图像，需要将其拆为姓和名。

第一步——想象关于名字的联想

问问你自己下面这些问题（你可能不是所有问题都有肯

定的答案。只需关注那些印象深刻的、能立即得出答案的问题）：

- 我认识叫"佩内洛普"的人吗？
- 有叫"佩内洛普"的名人吗？（比如，女演员佩内洛普·克鲁兹。）
- "佩内洛普"可以立即让我想到什么图像吗？
- "佩内洛普"有什么可以变成图像的含义吗？
- 我能把"佩内洛普"分解成几个部分，然后变成几幅图像吗？［想象一支笔（pen）和它的伙伴私奔（elope）了。］

我假设佩内洛普·克鲁兹的形象给你的感觉最强烈，所以你现在需要创造一张"精加工的记忆"图像，把珍妮弗·安妮斯顿（佩内洛普·桑切斯让你想起的那个人）和佩内洛普·克鲁兹联系起来：

看到人→想到珍妮弗·安妮斯顿→想到佩内洛普·克鲁兹。

第二步——想象关于姓氏的联想

问自己关于姓氏的同样的问题：

- 我认识一个叫"桑切斯"的人吗？
- 有叫"桑切斯"的名人吗？
- "桑切斯"能立即让我想到什么图像吗？
- "桑切斯"有什么可以变成图像的含义吗？

- 我能把"桑切斯"分解成不同的部分，然后变成几幅图像吗？〔想象一下用沙子做的椅子——"沙子椅子（Sand Chairs）"＝"桑切斯"。〕

第三步——把姓氏和名字的图像联系起来

让我们以"沙子椅子"作为姓氏。现在你需要在佩内洛普·克鲁兹的形象和沙子椅子之间建立一个强烈又夸张的联系：

看到人→想到珍妮弗·安妮斯顿→想到佩内洛普·克鲁兹→沙子椅子→佩内洛普·桑切斯。

你的想象可能是这样的：你看到刚认识的那个人，她立刻让你想起珍妮弗·安妮斯顿，而这会让你想到站在她肩膀上的佩内洛普·克鲁兹。在一阵响亮的号角声中，佩内洛普在空中翻了两个筋斗，落在一把大红色椅子上，椅子立刻变成了沙子。

用几个名字试试这个技巧，直到你掌握窍门。

把名字和面孔联系起来

观察是记忆的一项关键技能。记住名字的另一种方法是把名字和一个人的面部或体格的特定特征联系起来，如下面的两个例子所示。

简·菲尔德 (Jane Field)		比尔·威尔森 (Bill Wilson)
紧皱的眉头，像满是沟壑的**田野**（field）		他**很快就会**（will soon —Wilson）掉光所有头发
爬山虎般的耳环和棕褐肤色（tan）可以联想到《人猿泰山》（Tarzan❶）里的简		比尔❷=钱——想象一下他眼镜上印着美元符号

记住较长的数字

不幸的是，并不是所有的数字都像信用卡和借记卡的四位数密码那么短。较长的号码，如电话号码、会员号码或银行账户号码，可能特别难记住，也很难回想。本节将向你展示记住它们的方法，你可以在任何需要的时候使用这些方法来帮助记忆。

为什么较长的数字是个记忆难题

很多人都有数字方面的问题，如果你也有，那么你并不孤单。有些人就是不喜欢数字，这通常是因为他们在学

---

❶ Tarzan 是美国《人猿泰山》系列作品（小说及电影）中的主人公，作品中的女主人公为 Jane。这里作者由 tan 联想到 Tarzan。——编者注

❷ bill 在英语中有"账单""钞票"之意，故作者将其与"钱"相联系。——编者注

校的数学课上有糟糕的经历。另一个原因是大脑更喜欢用思想、概念和图像来思考——尽管数字可以构成这些概念的一部分，但它们本身很容易混淆，因为它们太相似了。心理学家发现，人们在处理原始数字形式时也会有困难，因为一般人的数字广度有限——他们在短期工作记忆中只能记住5到12个数字。让问题更加复杂的是，工作记忆的时间跨度是有限的——只够接收和使用一个电话号码，之后这个号码就会迅速消失。

我们来看一些能长时间记忆较长数字的简单又有效的方法，稍后我会向大家展示一些更专业、更复杂的技巧。

分解信息

在第一章，我解释了有效记忆的一个原则，就是把事情分解。同样的原则也适用于记住较长的数字。

比如，像9074365218这样的十位数数字可能有点难以应付。然而，如果你按如下所示的方法进行分解，这个数字就突然变得不那么令人生畏，也更容易掌控了：

907 436 5218

大多数人在给出自己的电话号码时，会很自然地在一组数字之间停顿一下，这样更容易记住它们。

既然你已经把数字分成几个部分了，你可以使用各种技巧来把一组数字转化成单词和图像，这样更容易记住。

你曾在广告中见过

我相信你曾经见过一些公司的广告,它们的电话号码是单词和数字的组合。家具店老板可能会请你拨打1-800-9TABLES。这比1-800-9822537更容易记住,因为你可以想象出来"TABLES"的含义(桌子)。这个词来源于电话键盘,它给数字分配了字母。

电话键盘

使用类似键盘的方法,你可以把数字2446532668变成:

244　　　　　　653　　　　　　2668
BIG（大的）　　OLD（旧）　　BOOT（靴子）

你能从下列数组中找出什么词？

3475 344 8776 9882 4726 538 264

这个方法唯一的问题是，有时数字无法构成方便的字母组合来形成有意义的单词。例如，6218435792 可以表示为"ma vid kryb"，与其他同样毫无意义的变体一样，这一串字母也实在让人记不住。此外，这种方法没有给数字 1 或 0 分配相应的字母，因此对于任何包含 1 和 0 的数字，你将需要使用下面的技巧。

数字 = 字母

如果电话拨号键盘法不能产生有用的单词或图像，你可以使用数字 = 字母法。将每个数字替换为一个单词，每个单词包含相应数量的字母，例如把 1633 变成：

"A Ginger Tom Cat"（一只姜黄色的汤姆猫）

或者"A Larger Red Rat"（一只超大的红色老鼠）

这一方法的美妙之处在于，你可以开始选择适合该号码所属的人或服务的词语。例如，如果你的发型师的电话号码中有一部分是 4146，你就可以这样说："请只修剪一下。"（Only a Trim Please.）

用这种方法，试着为电话号码的以下部分创造属于你自己的难忘词汇集合吧：

- 3396——Doctor（医生）
- 7219——Cinema（影院）
- 2754——Plumber（水管工）
- 1335——School（学校）
- 2856——Auto-body repair shop（车身维修店）

数形法

在第三章中，我解释了如何使用数字1到10押韵的单词来创造记忆系统。现在我要给你们展示的记忆法基于一些形状看起来像数字的物体的图像（见下图）。这一方法也包含了数字0的图像。

用学习数字押韵法的方法学习这些图像。你可以"装饰"一下它们，这样你就可以很容易地想象出来。把它们放在一边20分钟，做些别的事情。然后测试你的记忆力，写下这些数字和它们对应的图像，看看有多少能很容易地浮现在脑海里。继续练习，直到联想和回忆可以自动浮现。

一旦联想牢牢地扎根在你的脑海中，你就可以用它们来记住任何数字，不管数字有多长，都可以把每个图像嵌入一个生动的场景中。

数形图像	
0 = 网球	
1 = 棒球棒	
2 = 天鹅	
3 = 一副手铐	
4 = 帆船	
5 = 挂钩	
6 = 象鼻	
7 = 路灯	
8 = 雪人	
9 = 绳子上的气球	
10 = 刀和盘子	

例如，数字8167可以这样表示：一个巨大的、有着胡萝卜鼻子的雪人（8），拿着一根亮蓝色的棒球棒（1）击打

一头大象（6）的后背，然后大象飞快地跑到一盏鲜艳的粉色街灯（7）顶上。

试着用这个方法来创造以下数字的图像：287、435、9815、03461。

把它们整合在一起

现在，你可以通过三种不同的方法将数字变为更难忘的内容，因此，当你遇到像 7652910843 这样的医生的电话号码时，只需对其进行分解，然后应用其中的一种或多种技巧来记住该号码。自己试一下记住上面的数字。

旅行技巧

在所有的记忆方法中，最古老的方法是"旅行技巧"，它的用途最为广泛。在我看来，这也是最强大的大脑存档技巧，而且很容易使用。

旅行技巧的历史

在西方世界的两大典型文明——古罗马和古希腊文明中，成为一名伟大的演说家是政治权力和影响力的标志。背诵长篇大论的能力是一种令人钦佩甚至令人尊敬的技能，而这其中的奥妙在于演讲者对旅行技巧的信赖。

在现代，这一技巧仍在使用，如果你曾经在电视上看到任何人表演令人印象深刻的"记忆壮举"，很可能他们正在使用这种方法。在过去几年的世界记忆锦标赛中，顶尖的选手肯定用过它——我就用过！

这个神奇的技巧是什么样的

旅行技巧的原理很简单。这种方法如此强大和易用的原因是，它基于你已经熟悉的地方。你创造一个大脑存档系统，把你熟悉的地方找出来，然后在旅途中选择这个地方周围，或者穿过这个地方，或者在这个地方的某个地点。然后你把这些地点作为文件或"挂钩"，来放置你必须记住的东西，确保你运用强大的联想和大量的"记忆香料"。当你想要回忆信息时，在你的脑海中重新回顾你的旅程，如果你的联想足够强大，当你通过每一个点时，你就会想起你放在这里的东西。

你会听到这种方法被称为"罗马房间"法，因为罗马人倾向于用一个单独的房间来表示每个地点。它也被称为"希腊轨迹"法，因为古希腊人喜欢用一个周围有着很多点（或轨迹）的房间来"悬挂"他们的联系。

你用什么方式去做不重要，只要你能在脑海里想象出来的环境中以相同的顺序去特定的地点或位置就可以。

设计你的旅程

第一步是确定你第一次"大脑旅行"的地点。我建议你从你住的地方开始,并选择你最喜欢的房间。当你做这件事的时候,亲自到房间里去走走。这是一个好主意,因为与只是设想相比,这样你将创造出一个更丰富的画面。当然,如果你只是想象你曾去过或者熟知的地方,也可以达到令人印象深刻的效果。

下一步是在房间里确定你"旅程"的起点。选择一些标志性的东西。例如,在客厅里,它可能是书架;在厨房里,它可能是冰箱。一旦你选择了出发点,要在脑海中绕着房间走一圈,依次找出9件更重要的物品(它们越永久越好)。如果你正在使用客厅,你可能会选择房厅里下面这样的物品或路径点:

1 书柜,2 油画,3 落地灯,4 窗户,5 门,6 狗床,7 椅子,8 小桌子,9 沙发,10 电视。

现在你需要在你的脑海中"调整"旅程，让它牢牢地嵌入你的脑海里。闭上眼睛，在脑海中来回重复几次你的路线，尽可能清楚地看到每一个路径点。这一步至关重要。否则，你会忘记这次"旅行"并将导致后面难以记起。

运用旅行技巧

通过运用我们在第一章中谈到的原则，尤其是想象力和联想能力，你可以通过本方法记住几乎任何信息。诀窍是为你想记住的每一件物品对应一个令你印象深刻的形象，然后把它应用在一个生动的场景中连接到你旅程中的某个阶段。为了不同的目的而进行不同的"旅行"是个好主意——你可以创造和使用的"旅行"数量是没有限制的。

在你家里选择一个房间，设计一场含有 10 个路径点的旅行，尝试一下旅行技巧。接下来，记住元素周期表的前 10 个元素。

- 氢　　 - 硼　　 - 氟
- 氦　　 - 碳　　 - 氖
- 锂　　 - 氮
- 铍　　 - 氧

虽然这看起来有点让人畏怯，但请大家创造性地思考每一种元素名称。它们听起来像什么？或者能让你想起什么？例如，铍（Beryllium）= 贝里（Berry），氦（Helium）=

脚跟（heel）❶，等等。

> **科学家已经证明它是有效的！**
>
> 我非常兴奋地告诉人们这个特殊的技巧。之所以知道它能起作用，是因为我用它做了很多令人吃惊的事情。不过，也不要只相信我的话。医学研究人员扫描了使用该技术的人和未使用该技术的对照组人员的大脑，同样证明了该技巧有效。研究人员发现，第一组的记忆表现比第二组好，使用旅行技巧更大地刺激了海马体（大脑中在记忆方面起重要作用的部分）和右脑。我知道这是真的，因为我是这个开创性研究的研究对象之一。

记住日期和约会

你是否曾因忘记好友或家人的生日、周年纪念日而感到尴尬？或者由于完全忘记日期而错过重要的约会？如果是这样的话，基于到目前为止我向你们展示的大部分内容，本部分将真正帮助到你。

---

❶ 此处的联系是基于英语中单词发音接近产生的联想。——编者注

记住生日和纪念日

在第二章，我建议你把重要的日期记在日历上。但是，如果你把日历弄丢了，或者暂时忘记把它丢在哪里了，会发生什么呢？为避免类似的情况发生，你需要把所有这些重要的日期牢牢地嵌入你的记忆中，这样你就可以很容易地回忆起它们。

以下是记住重要日期的方法：

想到这是谁的生日→想到这一情景→想到该月份的图像→想到图像→把它们和这个日子联系起来

像往常一样，你将依赖于一系列画面感极强的联想，这些联想用画面感极强的视觉图像代表你所记忆的信息。

为月份创造图像

记住月份最简单的方法是想到能立即让你想起每个月份的图像。例如，每当我想到十二月，我就会立刻想起圣诞节，然后会看到一个穿着红色套装、留着白胡子的快乐老人。八月对我来说是另一个容易记忆的季节，因为这是假期，我想象着我那五颜六色的大沙滩浴巾铺在沙滩上。以下是我使用的图像，如果它们对你有用，你可以随意使用用，但我建议你试着想出你自己独特的图像，因为它们对你来说会更难忘。

一月	一位强壮的橄榄球四分卫——超级碗将在一月份举行
二月	一盒心形巧克力——情人节
三月	一队士兵在行进
四月	一把彩色大伞——四月的阵雨
五月	乡村草地上高高的五朔节花柱
六月	一辆坦克（诺曼底登陆发生在六月份）
七月	飘扬的美国国旗——因为这个月有美国独立日
八月	五颜六色的沙滩浴巾
九月	暑假后，学生带着许多书返校
十月	万圣节栩栩如生的骷髅
十一月	肥美的感恩节火鸡，再配上蔓越橘酱
十二月	圣诞老人

为日期创造图像

接下来，创造可以表示日期的图像。对于每个月的 1～10 日，我建议你使用数形法来创造图像；对于一个月中的其他日子，将这种方法与数字押韵法结合起来，如下面的例子所示。

在两位数数字中，数字押韵图像表示第一个数字，数形法的图像表示第二个数字。图像中，11～19 日的每一天都有一个太阳，20～29 日的每一天都有一只鞋子，30～31 日的每一天都有一棵树，如下所示。（NS = 数形；NR= 数字押韵）

2	天鹅（NS）
8	雪人（NS）
13	阳光（NR）照在手铐上（NS）
17	阳光（NR）沿着路灯（NS）照射下来
25	鞋子（NR）被钩子（NS）挂起
26	大象（NS）穿着的鞋（NR）
31	树（NR）上长出许多棒球棒（NS）

亲自试试这个方法。写下从 1 到 31 的数字，并用数字押韵法和数形法为每个数字创造你自己的图像。然后测试你能多容易地回忆起这些图像。继续练习，直到联想深深地嵌入你的脑海里，使你能立即回忆起它们。

运用这一方法

既然你已经完成了基础工作，接下来的任务就很简单了。假设你想记住朋友朱莉（Julie）的生日，12 月 27 日，下面是你在想象中创造的：

人物	情景	月份	日期
想象你的朋友朱莉	→ 一个生日蛋糕上的蜡烛	→ 圣诞老人（12 月）	→ 大红色的鞋子（2）和路灯（7）

例如，你可能会看到你的朋友朱莉吹灭了黄色生日蛋糕上的两支巨大的红绿蜡烛，每一支熄灭的蜡烛都会被一

位身体浑圆的圣诞老人抓住,并大喊"嚯!嚯!嚯!",然后蜡烛就神奇地变成了高跟鞋,鞋跟上有路灯,然后圣诞老人穿上它们。

每当你想起你的朋友,你就会看到这个不寻常的图像——简单地把它转换成月和日。试着设计你自己的图像来记住朋友和亲戚的生日或纪念日。

记住约会日期

记住约会万无一失的方法是创造一次有31个路径点的"旅行",以此作为你每月的"规划师"。例如,如果你在这个月的16号有牙医的预约,将与牙医相关的图像放在你旅行的第16个地点(一把6英尺高的牙刷正在清洗一对大假牙)。

学习一种新技能

良好的记忆力不仅仅限于能够帮助你回忆起事实和数据。它在学习和发展新的身心技能方面也起着关键作用。当你处理信息时,你很快就会意识到你知道或者不知道它。技能发展是一个渐进的过程,可以通过内部知识来强化这一过程。

你的技能是如何发展的

当你学习一项新技能时，你会经历一系列不同的阶段。这些阶段与你表现该技能的能力以及你在学习过程中思考该技能的程度有关。在学习任何一项新技能时，从基础（比如，学习做饭或开车）到学习演奏乐器，或成为熟练的急救员，你都会遇到四个关键的阶段：

- **无意识、无能力阶段**——在这个阶段，你不会意识到你不知道如何去做某件事，除非有人告诉你，或者你尝试了一些你认为你能做但不能做的事情。例如，作为一个孩子，你可能没有意识到你不会开车。

- **有意识、无能力阶段**——一旦你意识到你不能做某件事或者不擅长做某件事，你就会有意识地认识到你能力不足。在这一阶段，你（或者其他人）将决定你需要学习这项特殊的技能。当你第一次开车时，你就进入了这个阶段，你意识到，虽然你的父母可能让开车看起来很简单，但实际上，驾驶是复杂的操作，涉及大量的协调行动和思维过程。

- **有意识、有能力阶段**——经过一段时间的训练和发展，你能够完成一项任务或活动，但你仍然需要思考。记得当你学开车的时候——一旦你明白了踏板和排挡是干什么用的，你还得想着如何使用它们，特别是如何使用不同的挡位。

- **无意识、有能力阶段**——你的技能变成了自动行为，所以你不需要再去思考它。

如果你已经会开车，你或许可以一直交谈，听收音机，以及跟随你周围的其他车辆，你可以同时正常地使用方向盘、踏板和排挡，甚至不用思考，而这在之前是相当困难的。

实现转变

一旦你达到了有意识、有能力的阶段，你只需不断练习和重复，这种技能就会变成无意识的自动技能。然而，当你真正发展和掌握技能时，从有意识、无能力阶段向有意识、有能力阶段跨越，是最重要的一步；而正是在这一阶段，许多人犹豫、放弃了。不过，遵循我在本书中已经解释过的一些简单技巧，这种跨越可以变得更容易。

提高你的技能水平

确信能够成功。

这本书的关键部分之一是"坚信会成功"见第一章最后一节。我在那节列出的所有内容都将增强你的能力，强化你所选择的任何技能。

这里再提一下要点：

- 设定目标
- 制订计划
- 相信你能成功
- 采取行动
- 态度积极

在脑海中演练这个技巧

我一直鼓励你使用可视化的技术在你的脑海中创造容易记住的图像。可视化在技能发展中也扮演着重要的角色,因为大脑无法区分真实的事件和生动的想象。如果我现在向你详细描述一种多汁的柠檬,它有着浓郁的柑橘味和明亮的黄色表皮,你很可能已经开始流口水,尽管柠檬只存在于你的脑海中。你会有这样的反应,是因为身体会对大脑给它的信号进行回应,即使这一大脑刺激是想象出来的。

当你在学习一项新技能时,在想象中进行练习是很重要的。因为研究表明,全面的心理预演可以促进技能的习得,而且几乎和实际练习的效果一样好。

想象和存储指南

通常,无法记住一项新技能的学习指南会阻碍进步,带来挫败感,使人们更容易屈服而放弃。解决这一问题的方法是使用大脑存档法来存储这些指令——这将使你在需要的时候能立即想到它们。我建议你使用旅行技巧（见第三章），创造一个与你正在学习的任何技能相关的大脑旅行。

例如，如果你想提高高尔夫球挥杆的技巧，就把高尔夫球俱乐部作为你旅行的场地；如果你想提高网球发球或反手的能力，就可以将网球俱乐部作为旅行地点。然后简单地把每条指南的图像放在旅程中不同的地点或路径点。当你需要参考指南时，在脑海中的旅程中漫步，依次回忆每一条指南。这些指南只是一个临时的"拐杖"，可以帮助你把技能变成自发反应。一旦你达到无意识、有能力的阶段，你就不需要再参考它们了。

失败并非结局

在人们开始学习一项新技能时，可能影响他们取得进步的最大因素，是对失败的恐惧。犯错是一件很可怕的事情，因此很多人在尝试新事物时退却了（或者他们根本就不去尝试）。他们没有意识到失败是学习过程的一部分。回想一下你最近的一次犯错或失败。你从这次经历中学到了很多吗？如果你想让学习速度翻倍，你就需要让你的失败率翻倍。

学习外语词汇

如今进行国际旅行比过去容易得多,这意味着越来越多的人会去国外。要真正体验和享受其他国家的风光和文化,哪怕只会说几句当地语言,对我们的帮助也很大。

你不需要说得很流利也应付得过去

我发现,很多想学新语言的人,一想到自己需要说得流利就会望而却步。流利地说另一种语言是可以实现的,但在用另一种语言交流时,只出于理解和被理解的目的,是没必要非常流利的。研究表明,尽管一门语言有成千上万个单词,但大多数母语使用者使用的词汇只有几百个。

一步一步地记住外语单词

学习外语单词的过程是这样的:

- 用想学的新语言说话。
- 看看这个词是否让你想起了某件事,或者创造性地找到一个联想——这个联想与这个词的意思不需要有任何关系。
- 把这个词让你想起的东西和原词的意思联系起来。
- "设置"这个联想,练习几次来加强你的记忆。

这就是我如何去记住一个普通德语单词的意思的。

- 我会把注意力放在目标词"Zimmer"上,它在德语中的意思是"房间"。
- "Zimmer"听起来像"simmer(煨)",所以对于这个例子,我看到了一个炖锅。
- 我现在会创造一个疯狂的图像连接煨锅和房间(我会想象一座房子,里面的每个房间都有一口锅)。
- 然后,我依据"Zimmer"→煨锅→房间设定联想链。

现在,当我在德语中听到"Zimmer"这个词时,我马上就会想到一个放在炉火上的平底锅,这立刻会让我想到一座房子里每个房间都有一个平底锅的奇特画面。

发展工作词汇

一旦你掌握了这种方法,你就会发现在大约 10 分钟内你就能记住至少 10 个单词,这样你就能长期记住它们了。在三到四周的时间里,你将能够大大扩充你所选择的任何一种语言的词汇量。

最初,你开始使用语言时,你需要经历思考触发词和奇特图像的过程,来提醒你翻译。但很快,随着你持续使用,你将不需要这些过程了,因为这句话会成为这一门语言词汇量的一部分,你会"知道"它们的意思,并能够随意召唤它们。

记忆演讲和笑话

在公众面前演讲被认为是人们最恐惧的事。如果你必须要发表演讲，而你又不习惯在公众面前演讲，这可能真是相当令人畏惧的场面。

造成恐惧的一个主要原因，是害怕在观众面前说不出话，会忘记要说什么。

为什么我们会忘记我们不得不说的话

如果你回想起之前章节中关于压力的内容，当面对威胁或感知到的威胁时，我们会进入战斗或逃跑状态。身体关闭了它不需要逃跑或处理威胁的部分，这包括大脑负责长期记忆的部分。如果你没有做好充分的准备，和一群人交谈可能会让你的"战斗或逃跑"机制开始发挥作用，结果可能会非常尴尬，因为你很难记住自己要说的话。

你可以做什么来记住演讲稿

成为一名成功的公众演讲者的秘诀很简单，哪怕是要在你女儿的婚礼上做一次演讲。

秘诀是：知道你想说什么，并一直练习说。

起草讲稿、组织语言和发表演讲不在本书讲解的范围之内，所以就我们的目的而言，我假设你已经准备好了你的演讲稿。然而，你会发现把它们组合在一起的过程会让你对你想说的话越来越熟悉，这将有助于你的记忆。

第一步——把你的演讲稿分成几个部分

如果你的演讲稿有 5 页纸，那么如果你把它分成 10 个符合逻辑的半页部分，就会容易得多。花一点时间确定每个部分的目的，并给每个部分一个独特但符合逻辑的名称。

第二步——确定每部分的关键词

在你的每个标题下写上几个关键字，来提醒你想在每个部分说什么。在半页的稿子里，你可能只需要三个或四个关键词——你需要为每个想法或主题找一个关键词。

第三步——练习每个部分的发言

现在你已经把讲稿分成了几个部分，并且为每个部分找到了一些关键词，下一步就是练习如何表达这些部分，一次练习一个部分。

- 大声朗读，这样你就会习惯这部分的节奏、速度和信息。
- 找出第一个关键词，从记忆中背出它所关联的内容，把注意力集中在意思上，而不是集中在逐字重复文章上。
- 检查一下你背的内容的准确性。在这个阶段，只希望能够回忆起一小部分。
- 这个过程最多重复三次，直到你可以轻松背诵这个关键词对应的所需内容，然后进行下一步。

- 对其余的关键词做同样的处理。
- 一旦你完成了这部分的所有关键词，试着通过看关键词来演讲整个部分。只需要做三次。
- 重复每个部分的过程。

大多数人会从第一部分开始，然后按照自己的方式完成最后一部分。但是我发现，如果从最后一部分回到第一部分，或者按照随机的顺序完成这些部分，我会得到最好的结果。

第四步——练习演讲全文

用每部分的标题和关键词清单作为指导，练习完整地背诵演讲稿，并在每次讲完后与完整的讲稿进行核对，做出必要的修改。有个很好的建议：在练习演讲的时候录音，之后再听一听，找到可以改进的地方。

第五步——记住你的演讲稿

你会发现，通过重复回忆的过程，你对自己要说的话的记忆会非常深刻，因为每一部分的关键词都会触发你的记忆。现在你所需要做的就是记住每个部分的名称以及与每个部分相关联的关键词。

如果你的演讲有10个部分，我建议你使用有10个路径点的"旅程"（参见本章"旅行技巧"一节）来记住它们的名称。使用合适的旅程来传达信息（例如，在教堂里发表婚礼演讲）是有帮助的，但这不是必需的。在每个路径点为每个部分的标题想出一个令人难忘的形象。

现在记住每个部分的关键词，用一个奇怪的故事将它们连接起来，并将它们与你为这个部分选择的标题图像联系起来。所以，当你在脑海中"旅行"时，在每个路径点，你都会看到一个图像，它把故事和本部分相对应的关键词连接起来。

第六步——凭记忆练习演讲

通过使用你的图像作为触发点来排练你的演讲。有了足够的练习，你就可以在不依赖图像的情况下说出你需要的东西——如果你需要它们，它们就会一直在那里。

记忆笑话的技巧

如果你曾经试图讲个笑话，却忘记了其中的妙处，这里有一个简单的方法来记住它。你需要一个大脑存档系统来储存你的笑话——再说一次，我个人的偏好是永远通用的旅行技巧。你的第一步是开始一段讲笑话的旅程。

接下来，为每个笑话和妙语的不同部分创造生动的图像，并将它们与故事的各个阶段联系起来。练习回忆这些画面，这样它们就能毫不费力地跃入脑海；然后练习讲笑话，直到你能自信地讲出来。

思维导图

几千年来，书面文字一直是组织、捕捉和分享思想和想法的有效机制。然而，对大脑功能的研究发现，在纸上以线性方式组织文字的传统可能不是运用我们认知能力的最佳方式。组织我们的思维，还可以用其他更有效的方式。我认为思维导图是最有效的。

什么是思维导图

思维导图提供关于一个主题的图表概述，使大脑易于吸收信息。思维导图是由英国心理学家和思维专家东尼·博赞在20世纪70年代早期发明的。在此之前，他对记忆进行了深入研究，也对在纸上组织思维以便回忆、解决问题和创新的最有效方法进行了广泛研究。

思维导图同时动用了两侧大脑——左半脑，负责分析的部分；右半脑，负责想象力和直觉的部分。思维导图被世界各地数以百万计的人使用，被誉为"终极思维工具"，使用简单、易学。下面的例子展示了一个包含关键特征的基本思维导图。

- 中心的图像代表思维导图的主题。
- 辐射结构是主要的关键词分支，确定主题的话题。
- 小的分支是小的关键词，代表每个话题的细节。

一个成功的思维导图具有以下几个特点：

● 用许多不同的颜色，可以刺激右脑并区分主题和话题。

● 精心挑选的关键词，最好是单个词且字迹清楚。它们应该被整齐地安排在相应大小的分支上。

● 尽可能多的图像（因为图像是我们思考的语言）。一些小分支可以只在它们旁边放一个图像，不配文字。

● 箭头显示关键词和相关图像之间的关联。

分支的长度与单词的长度匹配是非常关键的，因为当你根据记忆重新创建思维导图时，你能回忆起的关键特征之一就是长度的大小。例如，如果你记得有一根长树枝从右边发散出来，你的大脑就会自动寻找一个长单词来搭配它。

思维导图的优点

如果你需要记住信息，尤其是长期记忆，思维导图是一种强大的记忆工具。它也是一种非常有效的在纸上组织你想法的工具——无论是起草一份报告还是记录你所读或听到的信息。

事实上，你会发现，如果你使用思维导图记录信息而不是写下来，你会在这个过程中收获更多，并提高你的记忆力，原因如下：

- 你将会更多地使用你的大脑，因此你的强大脑力会更多地用于这项任务。
- 与手写相比，创建思维导图所需的时间要少得多，而且更有趣、更吸引人。
- 画思维导图的过程要求你以一种更集中的方式思考一个主题，而不是简单地写下来，从而发展你的认知能力。
- 用思维导图比手写更容易编辑和复习信息。

如何画出你自己的思维导图

创建思维导图的过程很简单。首先，用熟悉的话题试试这个练习——你自己！

拿出一张纸，横向摆放（较长的边沿着底部放）。

至少用三种颜色的彩色铅笔，在纸的中间画自己的形象。

别担心，你不必多么擅长画画。你并不是要达到某种精确的相似度：图像只是作为一个起点。

想想你生活中所有重要的方面，从你的中心图像出发，画出主要的分支来代表每个方面。每个分支都使用不同的颜色。例如，你可以为你的家人、爱好、工作、朋友、家庭和假期——任何对你重要的东西设置分支。为每个主要分支写下关键字或画图。

从每个主分支画出更小的分支，以增加关于每个主题区域的一些细节。

用一个关键词标记每一个区域并/或画一个适当的图像。

记住你读过的内容

让人们认为自己记忆力不好的最常见的经历,就是忘记自己读过的东西,以及忘记别人的名字。这是一个很自然的假设,但这个结论通常是完全错误的。

为什么我记不住所有读过的内容

每当我问人们在阅读时期望发生什么,他们通常会给出类似下面这样的回答。

第一阶段

"我希望能在页面上看到字符,并将它们识别成构成单词的字母,然后我就能阅读和理解这些单词了。"

第二阶段

"我希望自己能记住我读过的东西,以便日后自己需要或者和别人交流时可以回忆起来。"

当你考虑想从阅读中得到什么时,这种预期是完全合理的;但当你看到自己在阅读时所做的事情时,这就完全不合理了。

大多数人只被教过第一阶段(阅读部分),这是他们所做的一切,而没有费心去做任何事情来确保第二阶段(记忆部分)的发生。所以你对你想要的结果期望过高,超过了你为达到这个结果所做的努力。为了记住更多你读过的东西,你必须积极地利用这些信息来确保你记住它。

有时你记不起读过的东西的另一个原因是,你走神了——当你的眼睛还在读的时候,你的思维就开始走神,开始想别的事情了。由于你没有正确地在你所读的内容上集中注意力,没有有意识地吸收,因此你将无法记住它。这就是为什么你读到一本书的最后一页,却什么也记不住的原因。

成为更优秀的读者

我建议你做的第一件事就是成为更高效的读者。去学校学习阅读是一件美妙的事情,但不幸的是,大多数人学到的阅读方式其实是建立了一系列的坏习惯,这限制了我们阅读的速度,造成了低效的阅读过程。以下几点建议可以帮助你成为更优秀的读者。

- 当你阅读时,用铅笔(或你的手指)作为指引,以避免你的眼睛在页面上跳来跳去(回跳去重读单词是不必要的,而且会减慢你的阅读速度)。
- 与其读单个的单词,不如读一组或一串单词,以获得有意义的单词块。
- 练习快速阅读,这样你的大脑就不会有机会走神去想别的事情,因为这时你的大脑已经专注于阅读了。

有用的阅读策略

除了提高你的阅读技巧,你也可以采用阅读小说和非小说作品的策略。这些策略通过帮助你更专注于阅读材料而提高你的记忆力。

- 对于非小说类作品，快速浏览和预览你要读的内容，找出"最精彩的部分"，这样你就能专注于它们。
- 为你想要收集的东西设定目标，这样你才能集中注意力。
- 当你阅读时，用铅笔或荧光笔标出关键词和句子。
- 在阅读的时候做笔记，包括你的问题、观察和观点。
- 读完之后，再快速浏览一遍材料，回顾一下你读过的内容。
- 最后，在你的脑海中总结你所读到的内容来嵌入信息。

我能记住所有东西吗？

潜意识是极其强大的，有些人相信我们一生中所遇到的一切都储存在记忆里。然而，大部分记忆似乎只有通过催眠才能获得（即使是这样，通过催眠获得的记忆是否真的是记忆，还是个问题）。所以，与其去尝试那些不可能的事情，并试图获得记住所有你读过的东西的能力，不如把注意力集中在对你来说重要的东西上。

增强你的记忆力

成为一个更好的读者,并使用我上面介绍的策略,你就会发现你能很自然地记住更多你读过的东西。然而,即使有了这样的进步,你仍然需要记住和整理知识,以便你总能记起它。下面是一些我已经告诉过你的方法:

- 在阅读时使用思维导图做笔记。你会发现,使用这个强大工具的过程会集中你的注意力,鼓励你更深入地思考你的阅读材料,确保你更投入其中。你也会对你读过的东西有一个难忘的记录。

- 定期回顾思维导图——10分钟、一天、一周、一个月、三个月和六个月之后,以确保知识转化为长期记忆。在每次复习时,试着在比对原思维导图之前根据记忆画出导图。

- 从你所读的内容中找出关键点,用之前介绍的故事技巧或旅行技巧来记住它们。

> 可以肯定的是,记忆不仅包含哲学,而且还包含了与生活有关的所有艺术。
>
> ——马尔库斯·图留斯·西塞罗
> (Marcus Tullius Cicero,前106—前43)

第五章

你也能做到

CHAMPIONSHIP POINTS

通过运用本书所介绍的那些行之有效的技巧，你将能够用你的记忆力做一些令人瞠目结舌的事情。当你在电视上看到那些人表演令人吃惊的本领时，比如说能记住长得惊人的数字串或多副洗过的牌，他们中的每一个人在记忆力发展过程中都曾经历和你现在相同的阶段。

你也有能力表演类似的技能，这一章将向你介绍一些记忆术专家在展示这些技能时使用的技巧。你会惊讶地发现它们其实真的很简单。

谁知道呢，说不定经过一段时间的练习，我们就会在电视上看到你，或者在世界记忆锦标赛上看到你出色的表现。（不要笑哦，因为这正是发生在我身上的事！）

即时记忆

快速记忆训练法

Instant
Recall

Tips and Techniques
to Master Your Memory

基本记忆法

基本记忆法最早可以追溯到 17 世纪,它是一种语音记忆技术,可以作为一种大脑存档法,或者可以用来记数字、日期和清单。

它的原理是什么

数字被编码成辅音(即与若干辅音发音相对应),辅音可以组成单词,然后是令人难忘的图像。

数字	对应辅音	如何记住
0	s, z, 软音 c(如 cered)	"z"是单词"zero"(0)的首字母
1	齿音:t, th, d	"t"有 1 个向下的笔画
2	n	"n"有 2 个向下的笔画
3	m	"m"有 3 个向下的笔画
4	r	"r"是单词"four"(4)的最后一个字母
5	l	"L"在罗马数字中表示 50
6	软音 g 或 j:g(如 gentle),j, ch(如 church), sh, dg(如 hedge)	在镜子里,手写的 6 看起来像字母"j"
7	硬音:g(如 garage), c(crack), ch(如 charisma),ng(如 king)	想象一下,字母"k"是由两个 7 组成的
8	f,v	手写的"f"有两个圆弧,像 8 一样
9	p,b	在镜子里,"p"看起来像 9

如何使用这一方法

基本记忆法运用起来很简单。你所要做的就是遵循下面和后面几页列出的三个简单步骤。

第一步——分配辅音

取你想记住的数字，然后简单地为每个数字分配适当的辅音。

例如，18374 对应以下的辅音：

1	8	3	7	4
t, th, d	f, v	m	硬音 g, c, k, ch, ng	r

第二步——组成词语

根据数字的顺序选择适当的辅音进行组合，再加上元音或不发音的辅音"h"、"w"和"y"，组成一个单词或短语。记住，辅音的发音才是最重要的。例如，18374 可以变成这样的短语：

Toffee Maker（太妃糖制造商）—— t(1) f(8) m(3) k(7) r(4)

你把数字转换成单词时，会发现有许多可能性。然而，当你从单词转换到数字时，"Toffee Maker"（或任何其他可能的单词或短语）只能是一个数字组合。

第三步——把词语嵌入记忆

为了把这些单词（以及数字）牢牢记在心里，你需要为它们创造一个夸张、独特的形象。如果数字 18374 是进入你的办公大楼的密码，你只需凭空想象出一个奇怪的图像，这个图像会让你联想到一座太妃糖制造商的大楼。

创造你自己的数字图像

现在，稍微来点创意，你就可以为从 1 到 100 甚至超过 100 的所有数字，开发一个具有独特图像的文件系统！一次只练习几个数字，通过练习回忆，把这些数字以及与之相关的单词和图像都记住。这样你就有了自己的"挂钩法"来记住一长串的任务。

贝多芬（Beethoven）的出生年份

有多少次你试图记住历史日期或名人的出生日期却失败了？用基本记忆法来记这些东西简直完美。

让我们选择数字 1770，分配下列字母 1 = d，第一个 7 = g，第二个 7 = k，0 = s，这就形成了词组"Dog Kiss"（狗狗亲吻）。

然后我会创造一个生动的画面：一只狗冲到某

人面前，给他一个又大又湿的吻。不过，那有什么用呢？好吧，如果我告诉你贝多芬生于1770年，你把贝多芬的画像和一只狗给他一个大大的吻联系起来，你就用这种方法记住了他的出生年份。

你也可以选择"Tea cake（茶点）"或"Duck Case（鸭壳）"。这都无关紧要，只要遵循规律就可以。

向记忆冠军学习

就像我的许多同事一样，他们都是专业的记忆术专家，我从世界记忆锦标赛冠军多米尼克·奥布莱恩那里受到了八次启发。作为一位令人印象深刻的记忆术专家，多米尼克还发明了他自己的记忆法，现在全世界有成千上万的人在使用。

多米尼克法

多米尼克法是一个简单又强大的工具，它可以让你快速而轻松地记住任意长度的数字。它首先把字母和数字联系起来，然后再把数字和你熟悉的人——家庭成员或朋友——联系起来以使数字个性化。你还可以用名人。你要做的就是实施下面四个简单的步骤。

第一步——给数字 0 ~ 9 分配字母

一般来说,"S"用来代表 6,因为"6"有一个强的"S"音,而"N"代表 9,因为它比字母表中的第 9 个字母"I"更容易使用。

0	1	2	3	4	5	6	7	8	9
O	A	B	C	D	E	S	G	H	N

第二步——创建字母对

给数字 00 到 99 创建字母对。把它们写在一张纸上。例如,23 将有字母对 BC,10 将有字母对 AO。

第三步——想一位名人

对于每一对字母,找一个你非常熟悉的人,或者想出一个有相同首字母名字的名人。

例如,CD(34)可以是查尔斯·狄更斯(Charles Dickens)。

第四步——选取相关的物体

对于列表上的每个人,找到与他们相关的或者在某种程度上就是他们的典型代表的物体。

数字	首字母	人物	物品
48	DH	Damon Hill（戴蒙·希尔，一级方程式冠军）	一级方程式赛车
37	CG	Craig Griffiths（克雷格·格里菲思，我的一个朋友）	棒球棒（他是超级粉丝）

下面是我用的一些例子。

如何使用这一方法

首先，把你要记住的数字分解成四位数。例如，48379651需要写成4837 9651。

为了记住数字4837，将第一对数字（48）所代表的人与第二对数字（37）所代表的物品联系起来。在我的例子中，我看到戴蒙·希尔穿着他黄色的比赛服，挥舞着巨大的亮绿色金属棒球棒。

接下来，选择使用旅行技巧创造的旅程，以固定数字及其相关图像的位置。第二组四位数重复上述步骤。

为了回忆这个数字，在脑海中沿着你的旅行路线走，想象你在每个地点所创造的图像。把图像再转回数字。

例如，当我看到戴蒙·希尔和棒球棒这幅图像，我能做的就是把它转换成数字4837。如果我必须记住数字3748（相同的数字对，但顺序相反），我会创建一幅我的朋友克雷格驾驶一级方程式赛车的图像。

应对余下的数字

并不是所有的数字都能方便地分解为几组四位数——你可能剩下一位数、两位数或三位数。要记住这些多余的数字，你可以把之前介绍的几种方法结合起来使用。

余一个数字：从数字押韵法或数形法中选择对应的图像。

余两个数字：想象在多米尼克法中那个数字所代表的人。

余三个数字：设想在多米尼克法中由前两位数字所表示的人与数字押韵法或数形法中由第三位数字所表示的人互动。

记住一副牌

最令人印象深刻的记忆本领之一是每副洗过的牌只看一眼就能记起顺序。通过一些练习，你也能做到这一点。这要么能让你的朋友对你印象深刻，要么让你在牌桌上成为一个成功玩家。

找地方储存牌的图像

首先，你需要一个大脑存档系统来组织所有的 52 张牌，这样你就能记起它们。

我建议你使用旅行技巧，因为它是最灵活的，在我看来，它也是最好的方法。创建一个有 26 个路径点的旅程，这样当你记牌时，你可以将两张牌与每个路径点联系起来。我发现创造三到四个这样的旅程会很有帮助，这样我每次都可以进行一次新的旅行，避免混乱。

为每张牌创造独一无二的图像

你需要为每张牌创造一个独一无二的图像。你可以从头开始设计新的图像，但为了节省时间和精力，我建议你借用基本记忆法或多米尼克法（你可以使用你喜欢的任何方法）分配好的数字的图像。这样做很安全，因为你不太可能同时记住数字和卡片（我是根据经验判断的，因为我从来没有这样做过）。

为每张牌分配一个数字

创造所需图像的第一步是根据花色给每张牌指定自己的号码。

例如，我用数字 10 ~ 22 来表示梅花：

10	11	12	13	14	15	16	17	18	19	20	21	22
10♣	A♣	2♣	3♣	4♣	5♣	6♣	7♣	8♣	9♣	J♣	Q♣	K♣

方块对应的编号（30～42）是这样的：

30	31	32	33	34	35	36	37	38	39	40	41	42
10♦	A♦	2♦	3♦	4♦	5♦	6♦	7♦	8♦	9♦	J♦	Q♦	K♦

然后我对红桃（50～62）和黑桃（70～82）做同样的操作。现在把你通过基本记忆法或多米尼克法创造出的数字 11 的图像，与梅花 A 联系起来，数字 12 的图像与梅花 2 联系起来，以此类推。然后，当你回忆纸牌时，你看到数字 11 对应的图片，就知道它代表梅花 A。

熟能生巧

练习将每张牌转换成一个数字，并想象相关的图像。然后，将成对牌的图像联系在一起。（你用的是有 26 个路径点的旅程，所以图像的数量也要加倍。）最后，练习将这些图像放在每个对应的位置上。

特殊项目的长串清单

如果你想在当地的"知识问答比赛"中取得好成绩，可以使用我在本书中向你展示的技巧来记忆任何话题的相关知识。下面是一些可能出现的话题：

国王和王后	各国首都
最长的河流	罗马历任皇帝
美国各州及其首府	英国历任首相
高尔夫球——美国大师赛冠军	星座
美国历任总统	各国货币
元素周期表中的元素	诺贝尔奖得主

迈出第一步

在你准备记住一长串特殊的项目清单时,最重要的一步是要确保信息的准确性。如果有一些事实是错误的,那么完美地记住这些"事实"是没有用的。

一旦你确认了信息的正确性,你就可以使用两种主要的技巧来记忆和回忆。

运用旅行技巧

旅行技巧是记忆顺序或关于日期的信息的理想方法。

例如,如果你是一位足球迷,并且想记住1930年以来的世界杯冠军,你所需要做的就是创立一个包含20多个路径点的旅程。这将给你足够的位置来记住获胜者的顺序,并为以后的冠军留一些备用位置。

下一步是将获胜者的图像按顺序放置在每个位置上。例如,在第12个位置(1982年的冠军),你可以放置罗马斗兽场的图像(那年意大利赢了世界杯),尽可能使它生动、怪诞或不寻常。然后，在脑海中"旅行"，回忆你在每个地点标出的图像，你就有了一个万无一失的方法，可以记住1930年以来所有的获胜者的先后顺序。

运用联想

有时信息不需要按顺序记忆，你所要做的就是把一件事和另一件事联系起来——比如各国的首都，或不同国家使用的货币。例如，要记住泰国（Thailand）的货币是泰铢（baht），你需要将代表泰国的图像与代表该货币的图像连接。

我想象着数百条领带（ties——Thai）空降到田野（field——land），并用棒球棒（bats——baht）互相攻击。对你想记住的每一种货币重复这个过程，并用同样的方法记忆首都。你可以对这些想法进行无尽的改变。

延伸阅读

迈克尔·蒂珀的《高效能学生的77个习惯》(*The 77 Habits of Highly Effective Students*),获取地址:www.michaeltipper.com。

迈克尔·蒂珀的《成功学生的秘诀——超高速学习技巧》(*The Secrets of Successful Students——Super Speed Study Skills*),获取地址:www.michaeltipper.com。

东尼·博赞的《辉煌的记忆:启动大脑》(*Brilliant Memory*:*Unlock the Power of Your Mind*)(博赞 Bites 系列),BBC Active 公司 2006 年出版。

多米尼克·奥布莱恩的《如何每周开发精彩的记忆》(*How to Develop a Brilliant Memory Week by Week*),邓肯贝尔德出版公司(Duncan Baird Publishers)2006 年出版。

联系作者

如果你想了解更多关于如何从更好的记忆力、更敏锐的注意力和更敏捷的思维中获益的信息,请登录www.michaeltipper.com 网站联系本书作者迈克尔·蒂珀。

致 谢

我要感谢改善记忆力的先驱们——尤其是布鲁诺·弗斯特(Bruno Furst)博士、哈里·洛拉尼(Harry Lorayne)、东尼·博赞、凯文·特鲁多(Kevin Trudeau)和多米尼克·奥布莱恩——他们为大众带来了提高记忆力和更好地记忆的可能性。如果没有他们的奉献,我可能还在为自己的记忆力而挣扎。

我特别想感谢少数给予我精神支持和指导的人——保罗(Paul)和洛娜·布瑞德(Lorna Bridle)、丹尼斯·弗莱尔(Denise Fryer)和沃伦·舒特(Warren Shute),他们相信我能取得成就,特别是在我怀疑或不能欣赏自己的天赋和能力时,他们依旧相信我。我还要衷心地感谢朱莉·鲁特维奇(Julie Lutwyche)多年来的支持,她给了我爱、空间和鼓励,让我去追求梦想。我也要感谢邓肯贝尔德出版社的所有员工，特别是卡罗琳·鲍尔（Caroline Ball)、达芙妮·拉扎赞（Daphne Razazan）和鲍勃·萨克斯顿（Bob Saxton)。

最后，我想感谢所有值得在此提到的人，感谢你们对我的工作（和我的生活）给予的积极帮助，篇幅有限，我无法一一致谢。

你会知道我想感谢你，谢谢。